ET DONEM UNA HAPPY BENVINGUDA!

En primer lloc, mil gràcies per confiar en la nostra petita editorial. Ens encanta poder contribuir a l'aprenentatge de nens i nenes a través del joc i l'exploració.

El nostre objectiu és acompanyar-los en cada pas del seu viatge cap al coneixement amb eines valuoses i divertides que els ajudin a créixer.

Per això, **ens encantaria llegir les teves impressions sobre aquest llibre** a Amazon. Només serà un minut, però els teus comentaris ens permetran continuar aprenent, millorant... i arribar a més famílies!

Per a deixar la teva ressenya:

Només has d'entrar a Amazon.es
i buscar aquest llibre.

CONTINGUTS DEL QUADERN

1. APRENEM ELS NÚMEROS 1-100
2. APRENEM MAJOR, MENOR I IGUAL (> < =)
3. APRENEM A SUMAR 1-10
4. APRENEM A RESTAR 1-10
5. NÚMEROS CONNECTATS
6. UNITATS, DESENES I CENTENES
7. APRENEM LES HORES
8. RESOLEM PROBLEMES
9. SOLUCIONS

CAPÍTOL 1: APRENEM ELS NÚMEROS 1-100

Començarem per aprendre, d'una manera molt visual i divertida, com són els números de l'1 al 10, com s'escriuen i què representen.

En aquest capítol trobaràs exercicis per a **aprendre a reconèixer i traçar cada número.** I, a més, podràs divertir-te acolorint els dibuixos.

1 | Aprenem els números de l'1 al 100

 Traça els números:

1	2	3	4	5	6	7	8	9	10
11	12	13	14	15	16	17	18	19	20
21	22	23	24	25	26	27	28	29	30
31	32	33	34	35	36	37	38	39	40
41	42	43	44	45	46	47	48	49	50
51	52	53	54	55	56	57	58	59	60
61	62	63	64	65	66	67	68	69	70
71	72	73	74	75	76	77	78	79	80
81	82	83	84	85	86	87	88	89	90
91	92	93	94	95	96	97	98	99	100

1   Aprenem els números de l'1 al 100

 Escriu els números de l'1 al 100 per ordre:

1 Aprenem els números de l'1 al 100

 Encercla els números indicats a cada rectangle. I escriu quants cercles has fet de cada número:

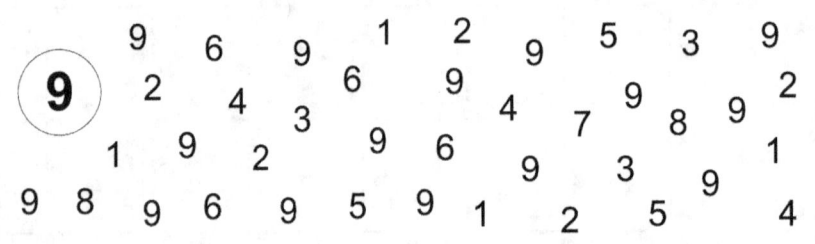
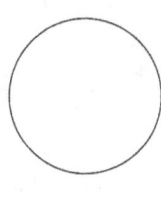
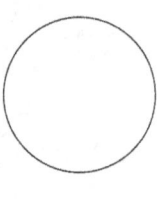
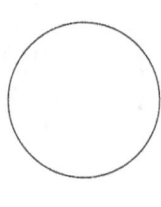
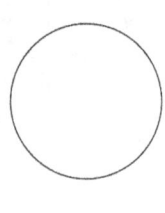
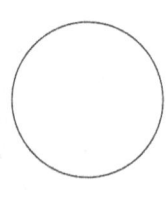

1 Aprenem els números de l'1 al 100

 Encercla els números indicats a cada rectangle. I escriu quants cercles has fet de cada número:

18
11 18 10 18 18 12 13 18
19 17 15 10 11 14 18 16 19
13 15 18 10 16 18 11 17 12 10
10 18 19 18 11 14 18 13 18 18

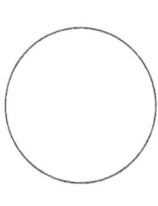

64
69 60 67 61 67 69 68 61 68 60
62 63 64 60 62 67 65 62
69 65 68 65 63 61 66 63 61
65 60 68 66 65 64 62 67 60 65 68

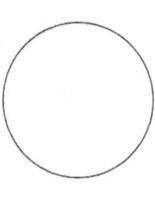

81
83 89 87 82 84 89 86 82 83
86 85 89 82 80 85 88 80
82 87 80 83 86 87
80 80 83 88 84 82 89 84

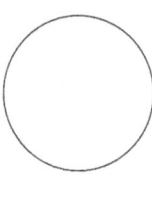

94
92 94 93 96 93 94 95 90
95 97 98 90 97 99 96 94
91 97 99 97 94 91 90 92 98 97
90 95 98 94 92 99 96 94 93 91

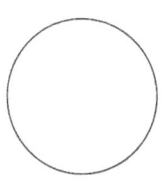

100
19 82 87 100 14 9 100 37
10 3 32 10 4 46 33 70 12 75
2 30 60 7 13 4
85 36 100 40 1 55 80 90 100

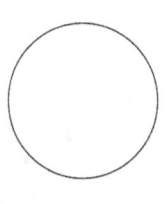

5

1 | Aprenem els números de l'1 al 100

 Uneix els números en ordre. I pinta el dibuix:

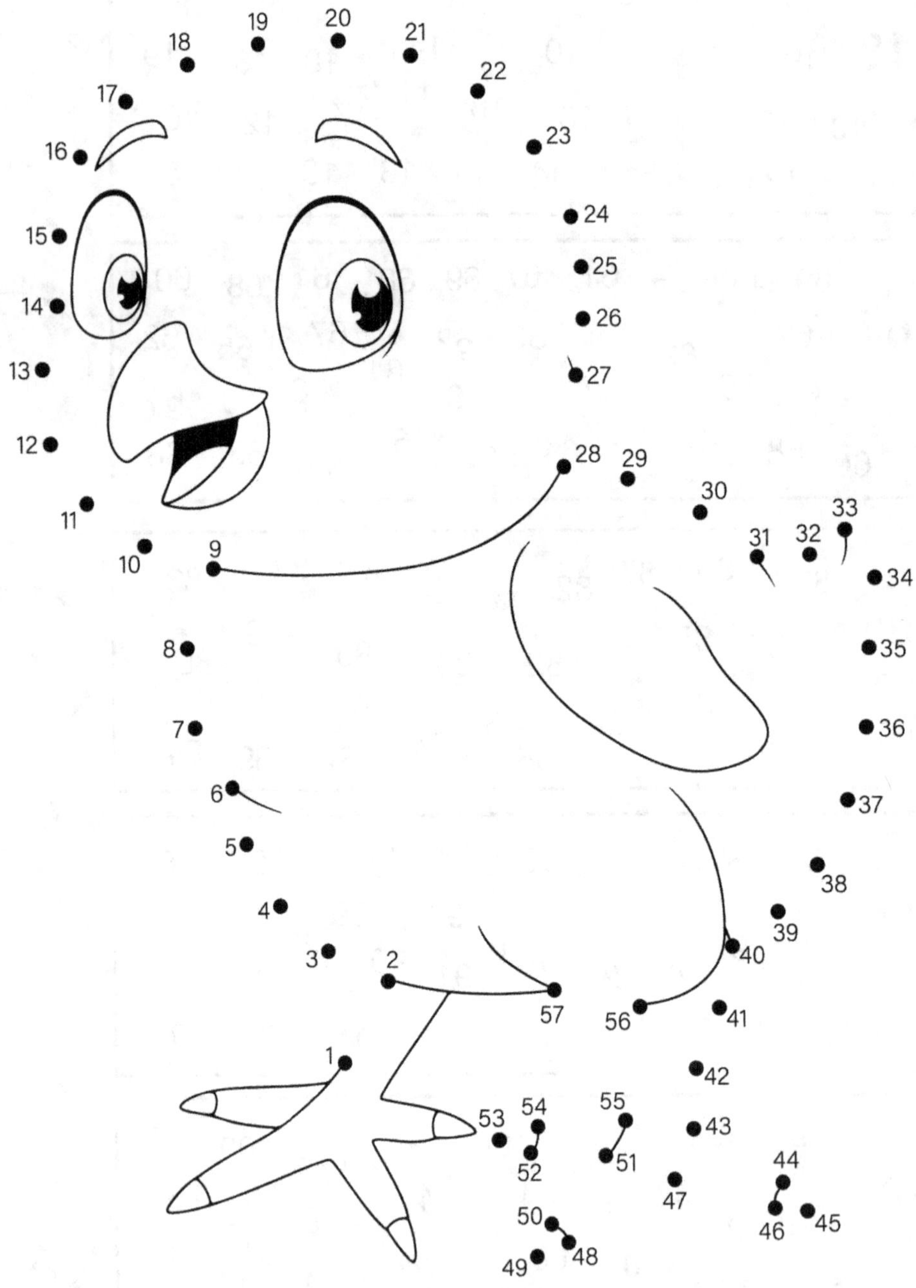

1 Aprenem els números de l'1 al 100

 Escriu els números que falten:

1	2	3	4		6	7	8	9	10
11	12	13	14	15	16	17	18	19	
21	22	23	24	25		27	28	29	30
31	32		34	35	36	37	38	39	40
41	42	43	44		46	47	48	49	50
51	52	53	54	55	56	57	58	59	60
61		63	64	65	66	67	68	69	70
71	72	73	74	75	76	77		79	80
81	82	83	84	85	86	87	88	89	90
91	92	93	94	95	96	97	98	99	

1 | Aprenem els números de l'1 al 100

 Uneix els números en ordre. I pinta el dibuix:

1 Aprenem els números de l'1 al 100

 Ajuda el gosset a trobar el camí al seu menjar:

1 Aprenem els números de l'1 al 100

 Uneix els números en ordre. I pinta el dibuix:

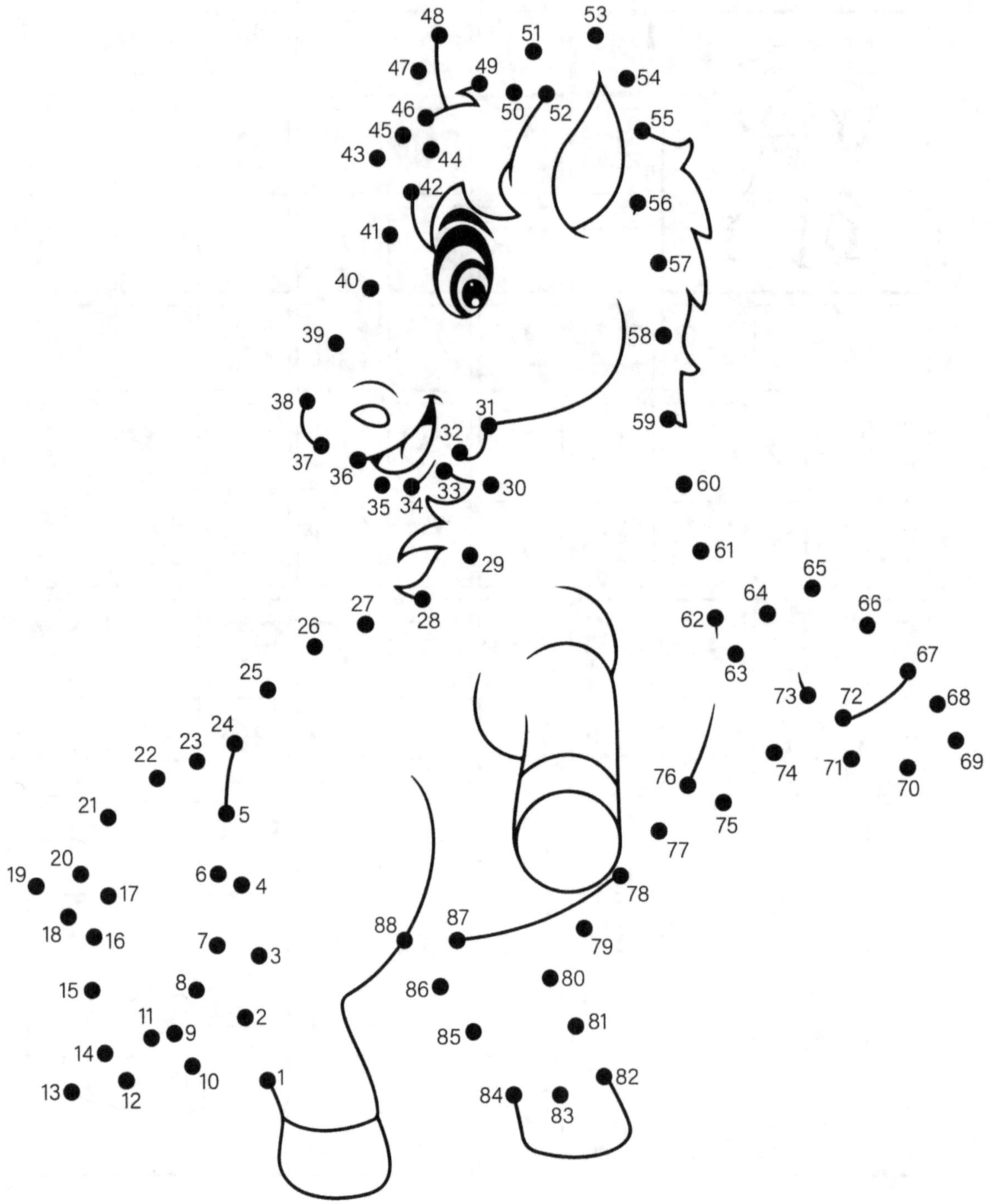

1 | Aprenem els números de l'1 al 100

 Escriu els números que falten:

1	2	3	4	5	6	7	8	🍎	10
11	🍉	13	14	15	16	17	18	19	20
21	22	23	24	25	26	27	28	29	30
31	32	33	34	35	36	37	38	39	40
🍒	42	43	44	45	46	47	48	49	🍇
51	52	53	54	55	56	57	58	59	60
61	62	63	64	65	66	67	🍐	69	🥭
71	72	73	74	75	76	77	78	79	80
81	82	83	84	🍓	86	87	88	89	90
🥑	92	93	94	95	96	97	98	99	100

1 Aprenem els números de l'1 al 100

 Uneix els números en ordre. I pinta el dibuix:

1 Aprenem els números de l'1 al 100

 Ajuda el conill a trobar el camí de la pastanaga:

1 | Aprenem els números de l'1 al 100

 Uneix els números en ordre. I pinta el dibuix:

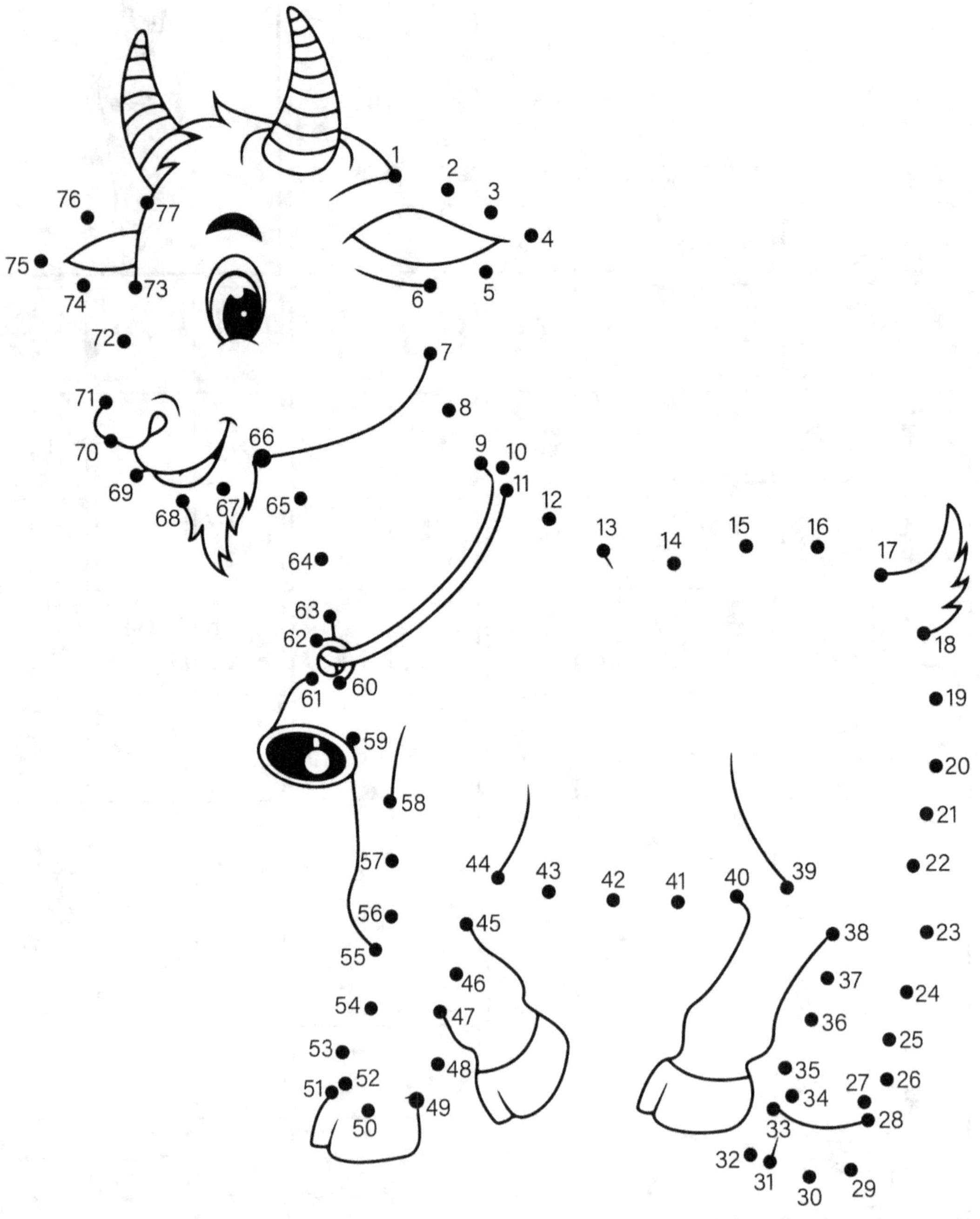

1 | Aprenem els números de l'1 al 100

 Escriu els números que falten:

1	2			5	6			9	10
11		13			16	17		19	20
	22	23		25	26			29	30
31	32		34	35		37	38	39	40
41			44	45		47	48	49	
51	52	53			56	57	58		60
61		63	64	65		67	68	69	
71	72		74		76	77		79	80
	82		84	85		87	88	89	
91	92	93		95	96			99	100

¿Cuántos números faltaban?

1 | Aprenem els números de l'1 al 100

 Uneix els números en ordre. I pinta el dibuix:

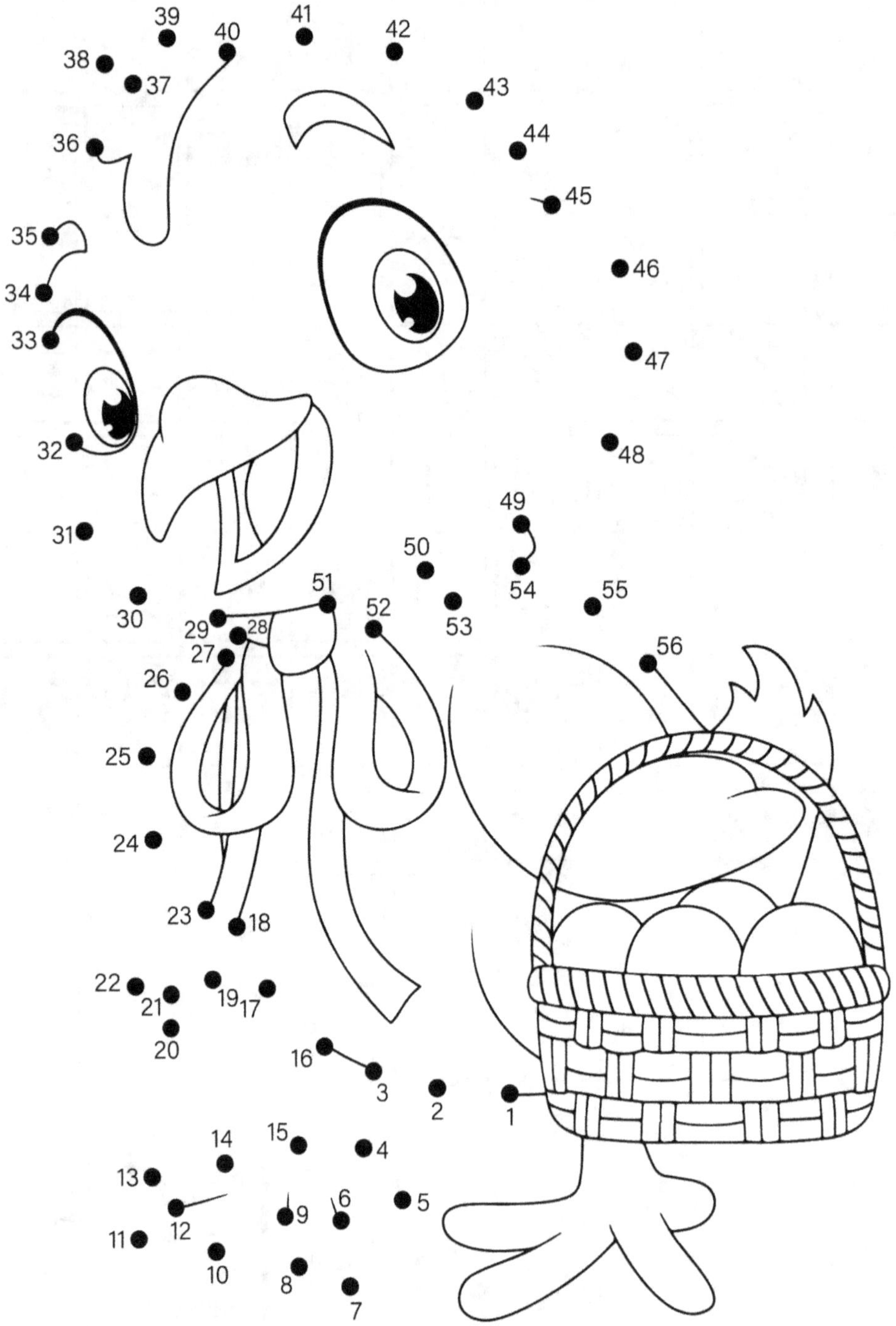

1 Aprenem els números de l'1 al 100

 Completa les sèries, escriu el número anterior i posterior:

1 Aprenem els números de l'1 al 100

 Completa les sèries, escriu el número anterior i posterior:

anterior	donat	posterior		anterior	donat	posterior
☆	**54**	☆		☆	**77**	☆
☆	**99**	☆		☆	**65**	☆
☆	**67**	☆		☆	**82**	☆
☆	**88**	☆		☆	**9**	☆
☆	**94**	☆		☆	**17**	☆
☆	**71**	☆		☆	**59**	☆
☆	**60**	☆		☆	**93**	☆

CAPÍTOL 2: APRENEM MAJOR, MENOR I IGUAL

Després de conèixer els números, toca aprendre la relació que existeix entre ells i com són els símbols per a representar-la.

10 = 10	32 = 32	= SÍMBOL IGUAL
15 > 10	62 > 22	> SÍMBOL MAJOR
18 < 50	88 < 95	< SÍMBOL MENOR

En aquest capítol trobaràs exercicis per a **traçar i escriure els símbols** major, menor i igual...
I, a més, reconèixer la relació que hi ha entre els números i el símbol que li correspon.

2 | Aprenem major, menor i igual

Número major > Número menor < Número igual =

 Traça i escriu el SÍMBOL MAJOR:

4 > > > > > > 2

8 > > > > > > 5

20 > > > > > > 12

35 > > > > > > 28

58 > > > > > > 42

64 > > > > > > 37

76 > 69

95 > 85

2 Aprenem major, menor i igual

Número major > Número menor < Número igual =

 Traça i escriu el SÍMBOL MENOR:

2 < < < < < < 6

7 < < < < < < 9

15 < < < < < < 10

30 < < < < < < 40

40 < < < < < < 50

50 < < < < < < 60

80 < 90

90 < 95

2 | Aprenem major, menor i igual

Número major > Número menor < Número igual =

 Traça i escriu el SÍMBOL IGUAL:

1 = = = = = = 1

5 = = = = = = 5

10 = = = = = = 10

24 = = = = = = 24

37 = = = = = = 37

59 = = = = = = 59

73 = 73

92 = 92

2 | Aprenem major, menor i igual

Número major > Número menor < Número igual =

 Escriu el símbol que correspongui entre els 2 daus. Hauràs de sumar el nombre de punts de cada dau i escriure el símbol: si és un nombre més gran (>), menor (<) o igual (=).

2 Aprenem major, menor i igual

Número major > Número menor < Número igual =

Escriu el símbol que correspongui. Hauràs de sumar el nombre de punts de cada fitxa i escriure el símbol: si és un nombre més gran (>), menor (<) o igual (=).

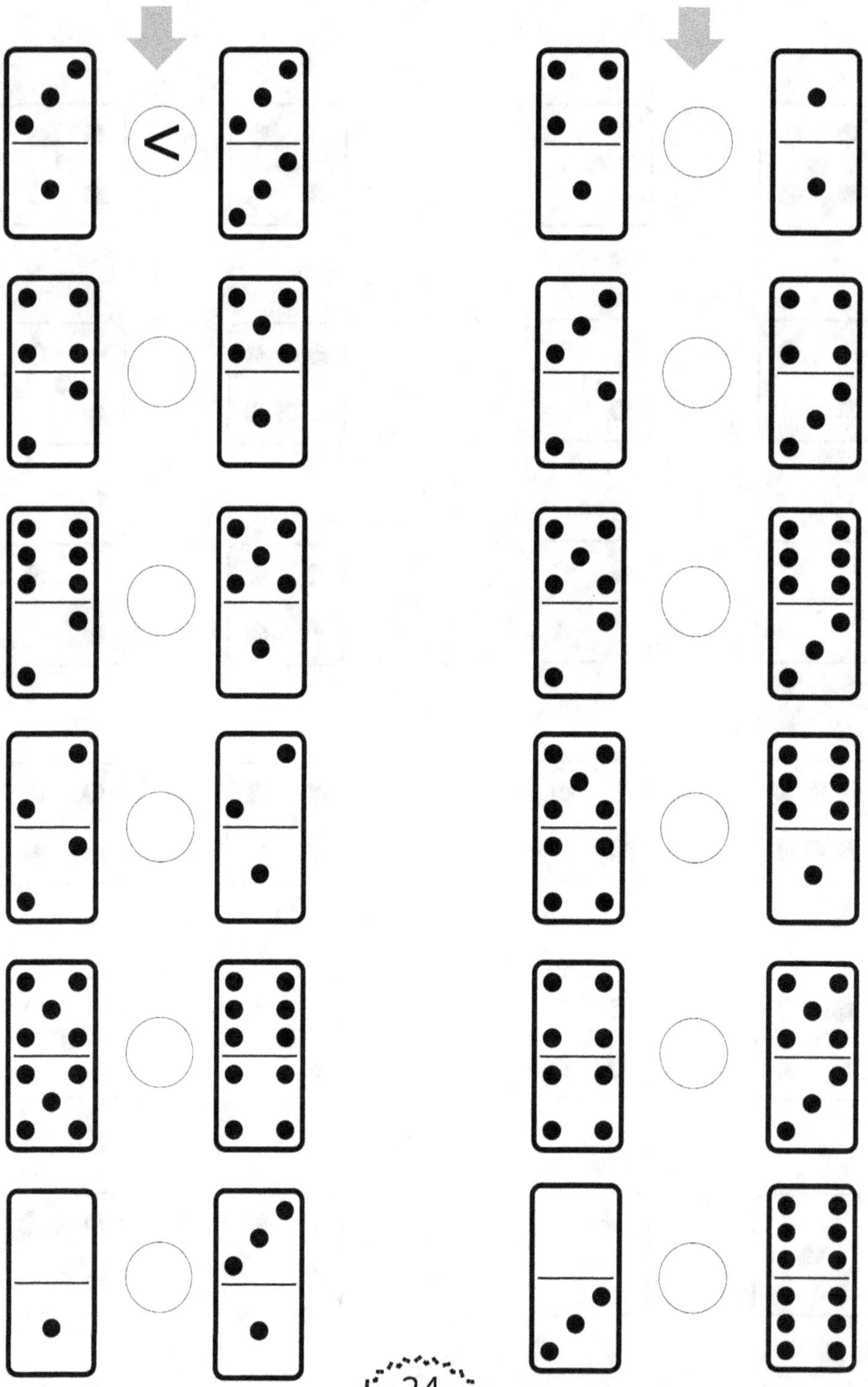

2 Aprenem major, menor i igual

Número major > Número menor < Número igual =

Pinta els números més grans que el 3:   >3

(1) (8) (15) (20) (7) (2) (6)

Pinta els números més grans que el 6:   >6

(10) (2) (9) (4) (8) (5) (7)

Pinta els números més grans que el 2:   >2

(1) (10) (5) (20) (18) (6) (9)

Pinta els números més grans que el 5:   >5

(2) (8) (4) (7) (6) (1) (3)

2 | Aprenem major, menor i igual
Número major > Número menor < Número igual =

 Pinta els números més grans que el 10:   >10

⑦ ⑭ ㉕ ② ㉚ ⑪ ㊵

 Pinta els números més grans que el 20:   >20

⑱ ㊳ ㉙ ㊶ ㉚ ⑩ ㊽

Pinta els números més grans que el 40:   >40

㊴ ⑨ ㊻ ㉒ ㊿ ㊇ ㊚

 Pinta els números més grans que el 60:   >60

⑨⓪ ㊵⓹ ㊼⓵ ㊹⓸ ㉖ ㊷ ㊸

2 | Aprenem major, menor i igual
Número major > Número menor < Número igual =

 Pinta els números més petits que el 5:   <5

 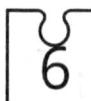     

3 6 2 9 1 4 10

 Pinta els números més petits que el 10:   <10

9 20 5 18 30 40 1

 Pinta els números més petits que el 20:   <20

     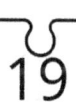

16 25 12 8 11 21 19

 Pinta els números més petits que el 30:   <30

28 50 15 40 38 10 90

2 | Aprenem major, menor i igual
Número major > Número menor < Número igual =

 Pinta els números més petits que el 8:   <8

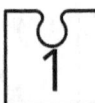    

1   9   6   2   5   3   20

 Pinta els números més petits que el 15:   <15

 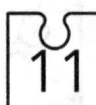  

8   11   22   14   25   12   18

 Pinta els números més petits que el 35:   <35

36   40   22   54   17   18   30

 Pinta els números més petits que el 65:   <65

54   75   22   88   90   12   62

2 | Aprenem major, menor i igual

Número major > Número menor < Número igual =

 Escriu números més grans o més petits segons t'indiquem:

<40

>50

>60

>70

2 | Aprenem major, menor i igual

Número major > Número menor < Número igual =

 Escriu números més grans o més petits segons t'indiquem:

<10

>20

<30

>90

CAPÍTOL 3: APRENEM A SUMAR 1-10

Sumar és comptar coses. Ja siguin coses o els números que utilitzem per a fer les operacions.

En aquest capítol practicaràs **sumes de l'1 al 100** amb divertits exercicis en els quals podràs observar, calcular i dibuixar.

15 + 12 = 27

El 15 i el 12 són sumands (els números que se sumen)   El 27 és la suma (el resultat de la suma)

3 Aprenem a sumar de l'1 al 10

Escriu al cercle la suma del nombre de dits aixecats a les 2 mans:

1 + 2 = ◯	5 + 1 = ◯
2 + 3 = ◯	4 + 4 = ◯
3 + 4 = ◯	3 + 3 = ◯
4 + 2 = ◯	5 + 4 = ◯
5 + 5 = ◯	2 + 4 = ◯

3 | Aprenem a sumar de l'1 al 10

 Escriu el nombre resultat de la suma dels 2 números:

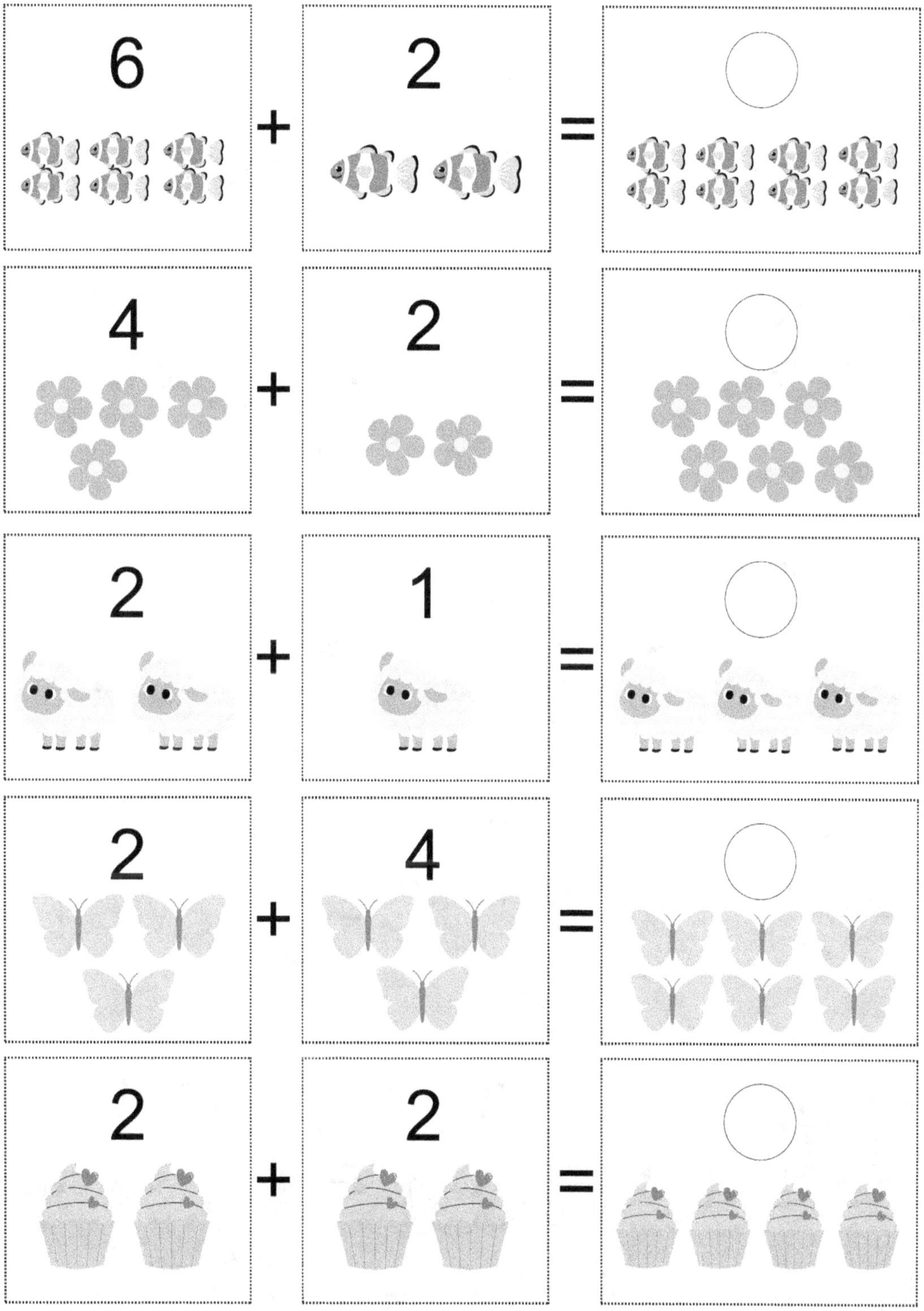

6 + 2 = ◯

4 + 2 = ◯

2 + 1 = ◯

2 + 4 = ◯

2 + 2 = ◯

3 Aprenem a sumar de l'1 al 10

Escriu el nombre resultat de la suma dels 2 números:

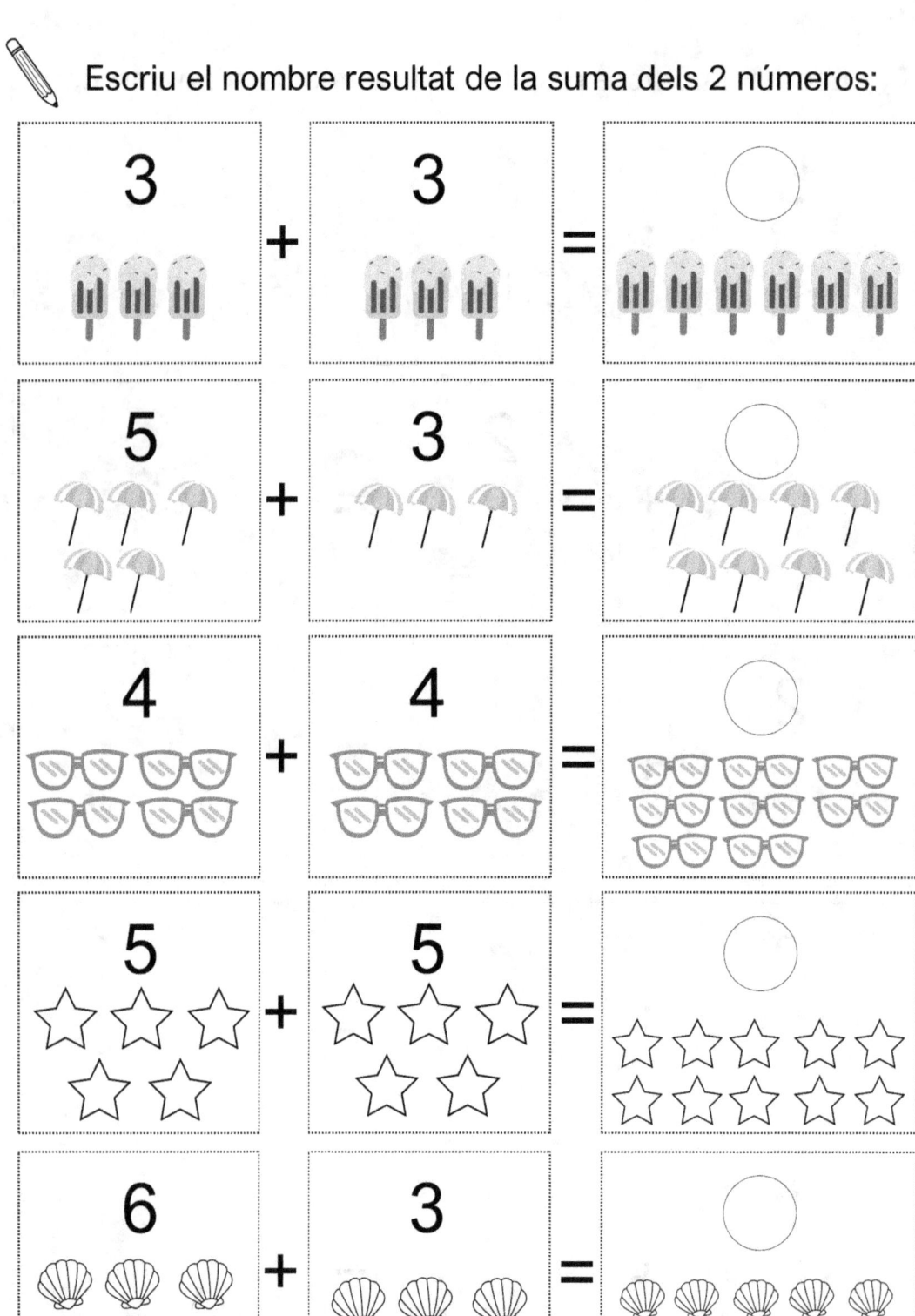

3 Aprenem a sumar de l'1 al 10

 Escriu el resultat de la suma dels 2 daus i dibuixa el nombre de punts total:

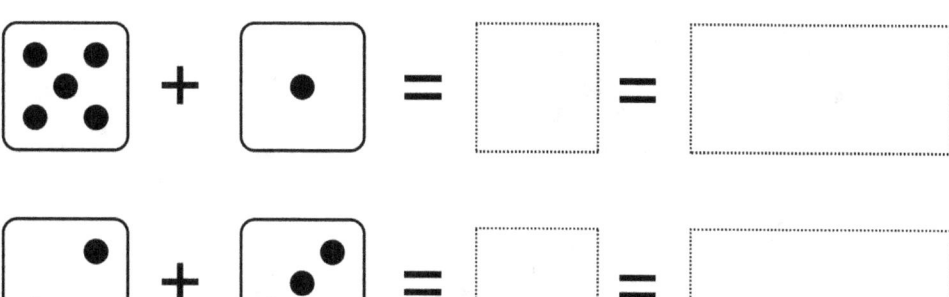

3 Aprenem a sumar de l'1 al 10

 Escriu el resultat de la suma dels 2 daus i dibuixa el nombre de punts total:

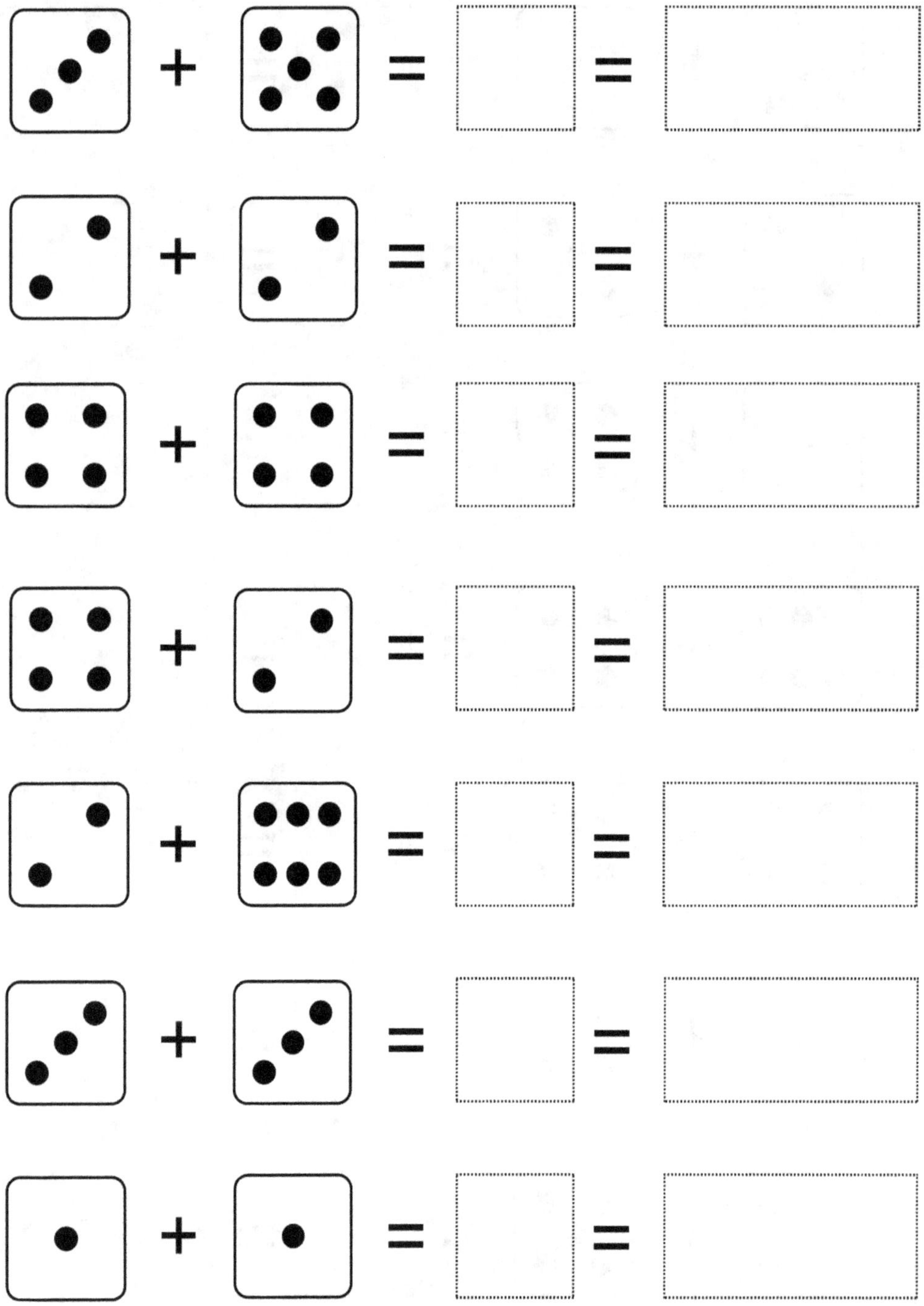

⚃ + ⚄ = ☐ = ☐

⚁ + ⚁ = ☐ = ☐

⚃ + ⚃ = ☐ = ☐

⚃ + ⚁ = ☐ = ☐

⚁ + ⚅ = ☐ = ☐

⚃ + ⚃ = ☐ = ☐

⚀ + ⚀ = ☐ = ☐

3 Aprenem a sumar de l'1 al 10

 Pinta i escriu el número que correspongui de cada imatge. Resol la suma dibuixant i escrivint el número:

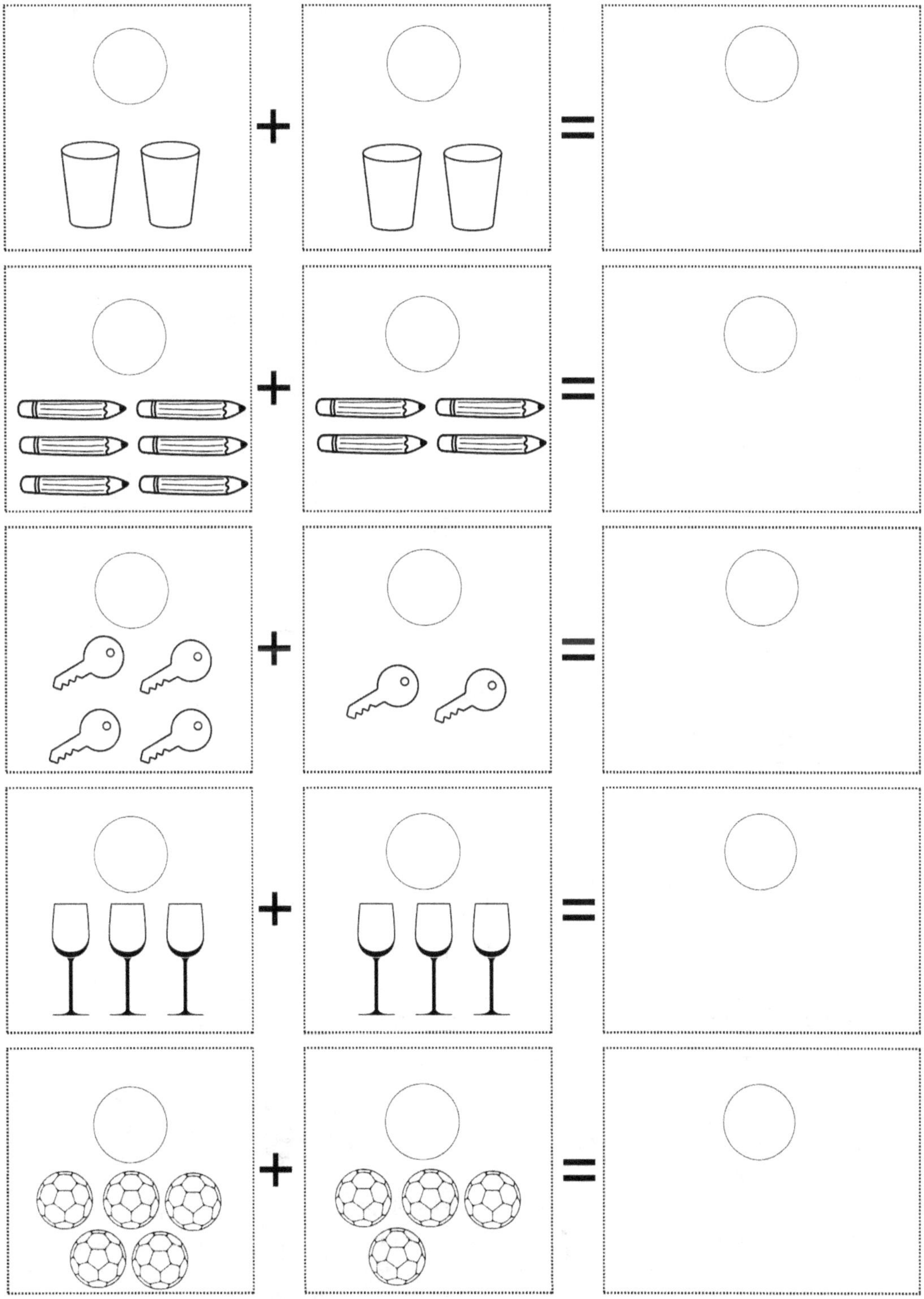

3 | Aprenem a sumar de l'1 al 10

 Pinta i escriu el número que correspongui de cada imatge. Resol la suma dibuixant i escrivint el número:

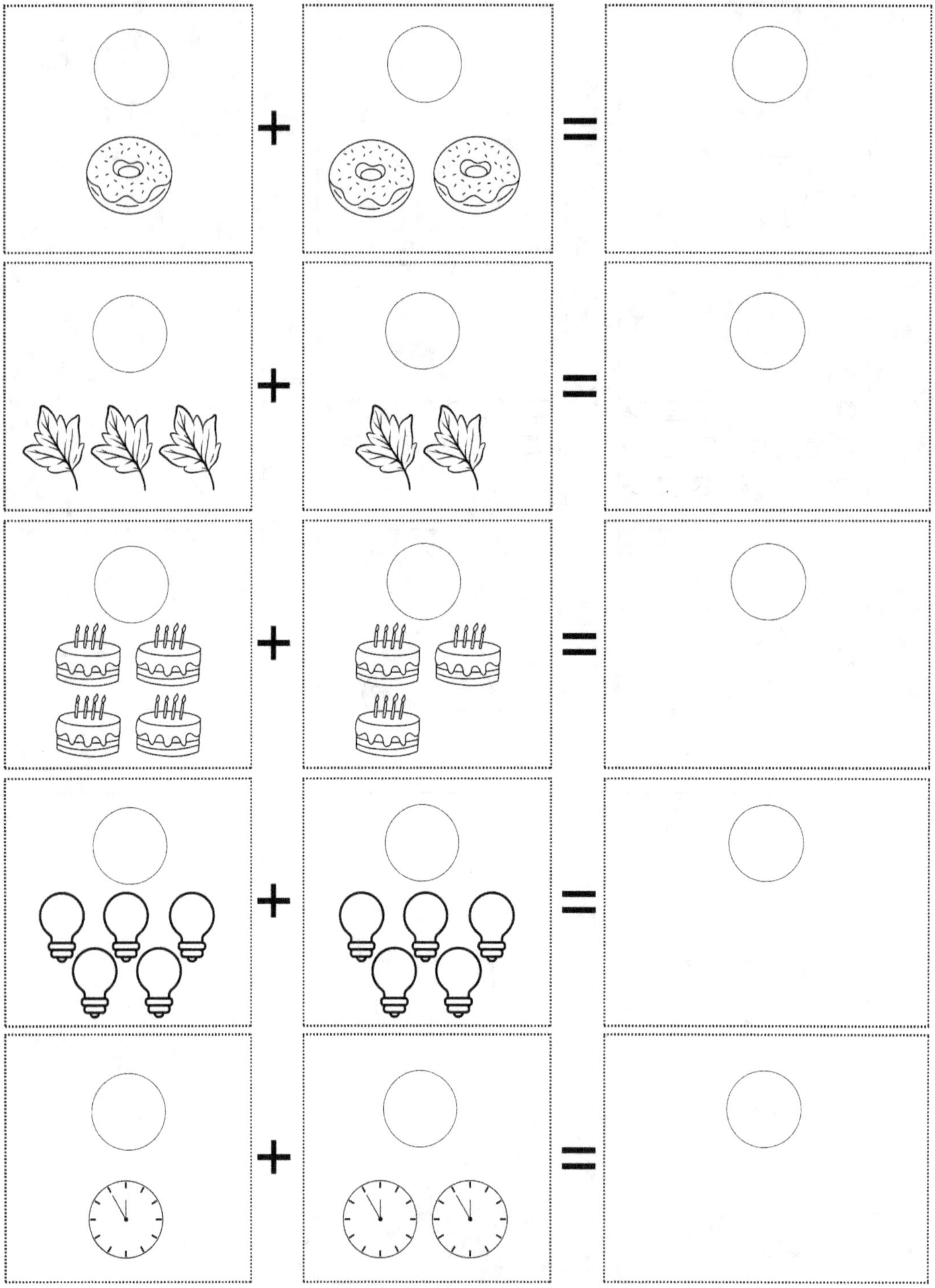

3 | Aprenem a sumar de l'1 al 10

 Assenyala el número que correspon al resultat de la suma indicada:

10 + 10 =	15 + 4 =	10 + 8 =
30 20 40	18 20 19	16 18 19
7 + 7 =	5 + 5 =	6 + 6 =
12 14 15	9 10 8	11 14 12
12 + 4 =	18 + 2 =	8 + 8 =
15 14 16	19 20 21	16 17 18
14 + 3 =	9 + 9 =	16 + 2 =
18 16 17	16 18 15	18 17 19

3 | Aprenem a sumar de l'1 al 10

 Assenyala el número que correspon al resultat de la suma indicada:

60 + 8 =	20 + 20 =	30 + 30 =
67 66 68	40 60 30	60 40 50
40 + 40 =	50 + 40 =	26 + 4 =
70 50 80	80 70 90	29 31 30
42 + 5 =	25 + 2 =	36 + 3 =
47 46 48	27 26 28	37 38 39
50 + 10 =	92 + 3 =	84 + 4 =
70 60 80	95 94 96	86 88 85

3   Aprenem a sumar de l'1 al 10

Realitza la suma i determina si els resultats són veritables o falsos. Escriu una V si és veritable o una F si és fals:

V o F   **V o F**

22 + 10 = 33	◯	30 + 20 = 51	◯
16 + 12 = 28	◯	5 + 51 = 52	◯
30 + 9 = 38	◯	12 + 12 = 24	◯
70 + 10 = 80	◯	25 + 13 = 37	◯
14 + 22 = 35	◯	60 + 11 = 72	◯
21 + 21 = 42	◯	33 + 22 = 55	◯
10 + 10 = 10	◯	40 + 42 = 84	◯
50 + 40 = 90	◯	15 + 15 = 30	◯
11 + 11 = 10	◯	18 + 2 = 19	◯

3 Aprenem a sumar de l'1 al 10

Realitza la suma i determina si els resultats són veritables o falsos. Escriu una V si és veritable o una F si és fals:

V o F　　　　　　　　　**V o F**

40 + 8 = 48　　◯　　　　6 + 6 = 12　　◯

50 + 49 = 99　　◯　　　　8 + 4 = 10　　◯

15 + 5 = 19　　◯　　　　10 + 40 = 60　　◯

10 + 24 = 33　　◯　　　　90 + 8 = 98　　◯

31 + 11 = 41　　◯　　　　42 + 31 = 73　　◯

46 + 2 = 48　　◯　　　　61 + 12 = 83　　◯

68 + 3 = 71　　◯　　　　32 + 32 = 64　　◯

60 + 20 = 70　　◯　　　　21 + 51 = 70　　◯

13 + 13 = 26　　◯　　　　8 + 20 = 28　　◯

3 | Aprenem a sumar de l'1 al 10

 Quantes fruites hi ha? Escriu a cada quadrat el nombre de fruites indicades i realitza la suma total:

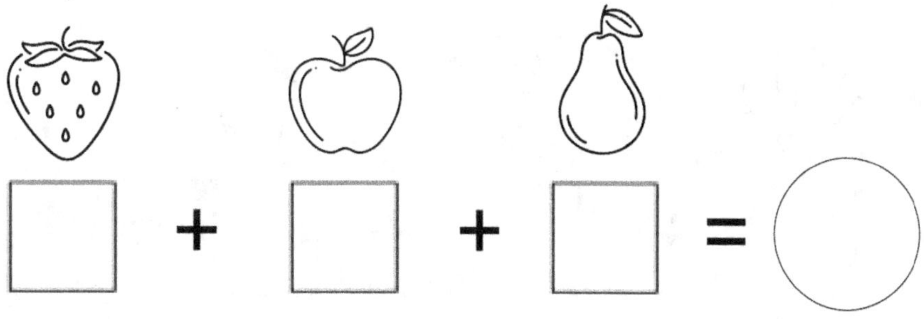

3 | Aprenem a sumar de l'1 al 10

 Quantes petxines de mar hi ha? Escriu a cada quadrat el nombre de petxines indicades i realitza la suma total:

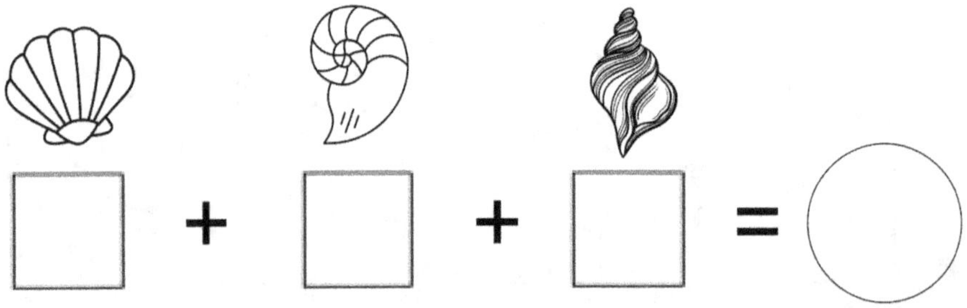

☐ + ☐ + ☐ = ◯

CAPÍTOL 4: APRENEM A RESTAR 1-10

Restar és treure una quantitat a una altra.
La resta es representa amb aquest símbol (-), que es diu MENYS.
Els números que intervenen en la resta també reben noms per a poder identificar-los.

Aquí t'expliquem **quines són les parts de la resta** i, en aquest capítol, podràs practicar per a entendre-ho millor.

- El número que se li resta o se li sostreu és denominat minuend.
- El número que resta o sostreu és anomenat subtrahend.
- Al resultat se'l coneix com resta o diferència dels números.

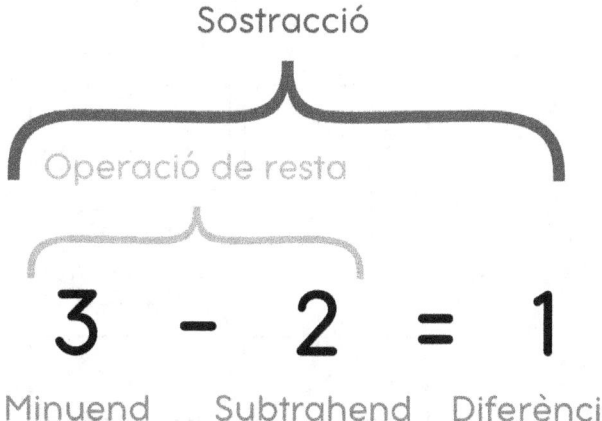

4 Aprenem a restar de l'1 al 10

✏️ Escriu el resultat de la resta, per ajudar-te posa una creu en tants dibuixos com a número a restar:

6 - 2̷ = 4

☀ ☀ ☀ ☀ X X ▢ ▢ ▢ ▢

3 - 1 = ▢

☀ ☀ ☀ ▢ ▢ ▢ ▢ ▢ ▢ ▢

4 - 3 = ▢

☀ ☀ ☀ ☀ ▢ ▢ ▢ ▢ ▢ ▢

7 - 2 = ▢

☀ ☀ ☀ ☀ ☀ ☀ ☀ ▢ ▢ ▢

9 - 1 = ▢

☀ ☀ ☀ ☀ ☀ ☀ ☀ ☀ ☀ ▢

5 - 4 = ▢

☀ ☀ ☀ ☀ ☀ ▢ ▢ ▢ ▢ ▢

4 Aprenem a restar de l'1 al 10

 Escriu el resultat de la resta, per ajudar-te posa una creu en tants dibuixos com a número a restar:

8 - 2 = ☐

5 - 2 = ☐

6 - 4 = ☐

3 - 2 = ☐

8 - 4 = ☐

4 - 2 = ☐

4 Aprenem a restar de l'1 al 10

✏️ Escriu el resultat de la resta, per ajudar-te posa una creu en tants dibuixos com a número a restar:

10 - 2 = ☐

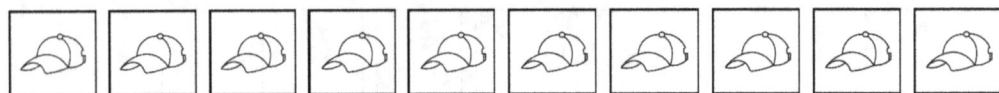

10 - 4 = ☐

10 - 6 = ☐

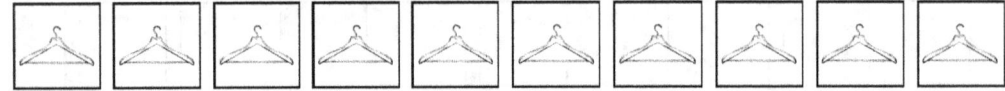

10 - 3 = ☐

10 - 5 = ☐

10 - 8 = ☐

4 Aprenem a restar de l'1 al 10

 Escriu el resultat de la resta, per ajudar-te posa una creu en tants dibuixos com a número a restar:

9 - 5 = ☐

7 - 5 = ☐

6 - 3 = ☐

5 - 1 = ☐

9 - 3 = ☐

7 - 3 = ☐

4 Aprenem a restar de l'1 al 10

✏️ Escriu al cercle la resta del nombre de dits aixecats a les 2 mans:

2 - 1 = ◯   5 - 1 = ◯

4 - 3 = ◯   4 - 1 = ◯

3 - 2 = ◯   5 - 2 = ◯

4 - 2 = ◯   5 - 3 = ◯

5 - 4 = ◯   3 - 1 = ◯

4 Aprenem a restar de l'1 al 10

 Escriu els números corresponents a les figures i en quadrat final posa el resultat de la resta:

   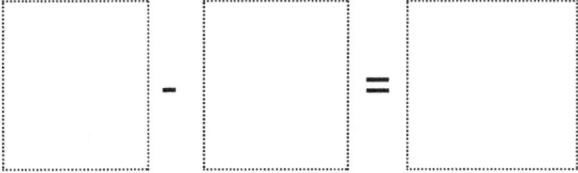

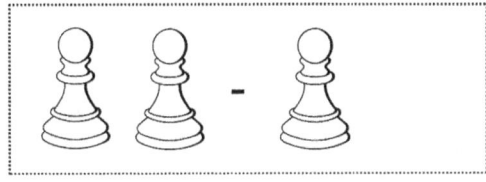   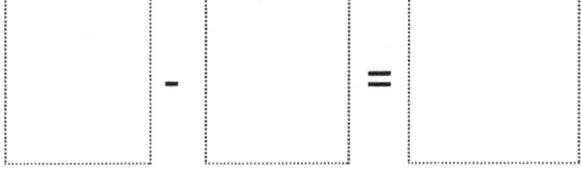

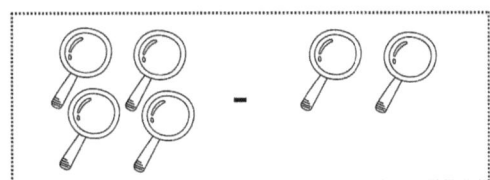   

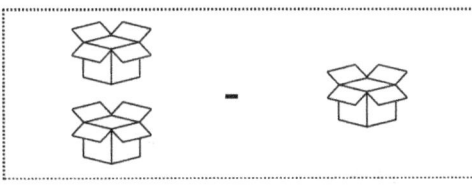   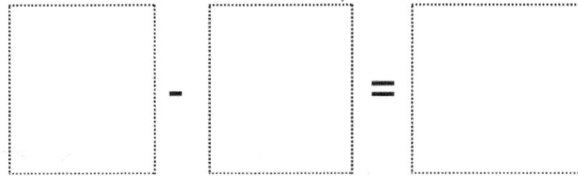

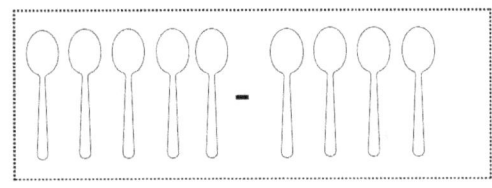

4 Aprenem a restar de l'1 al 10

 Pinta i escriu el número que correspongui de cada imatge. Resol la resta dibuixant i escrivint el número:

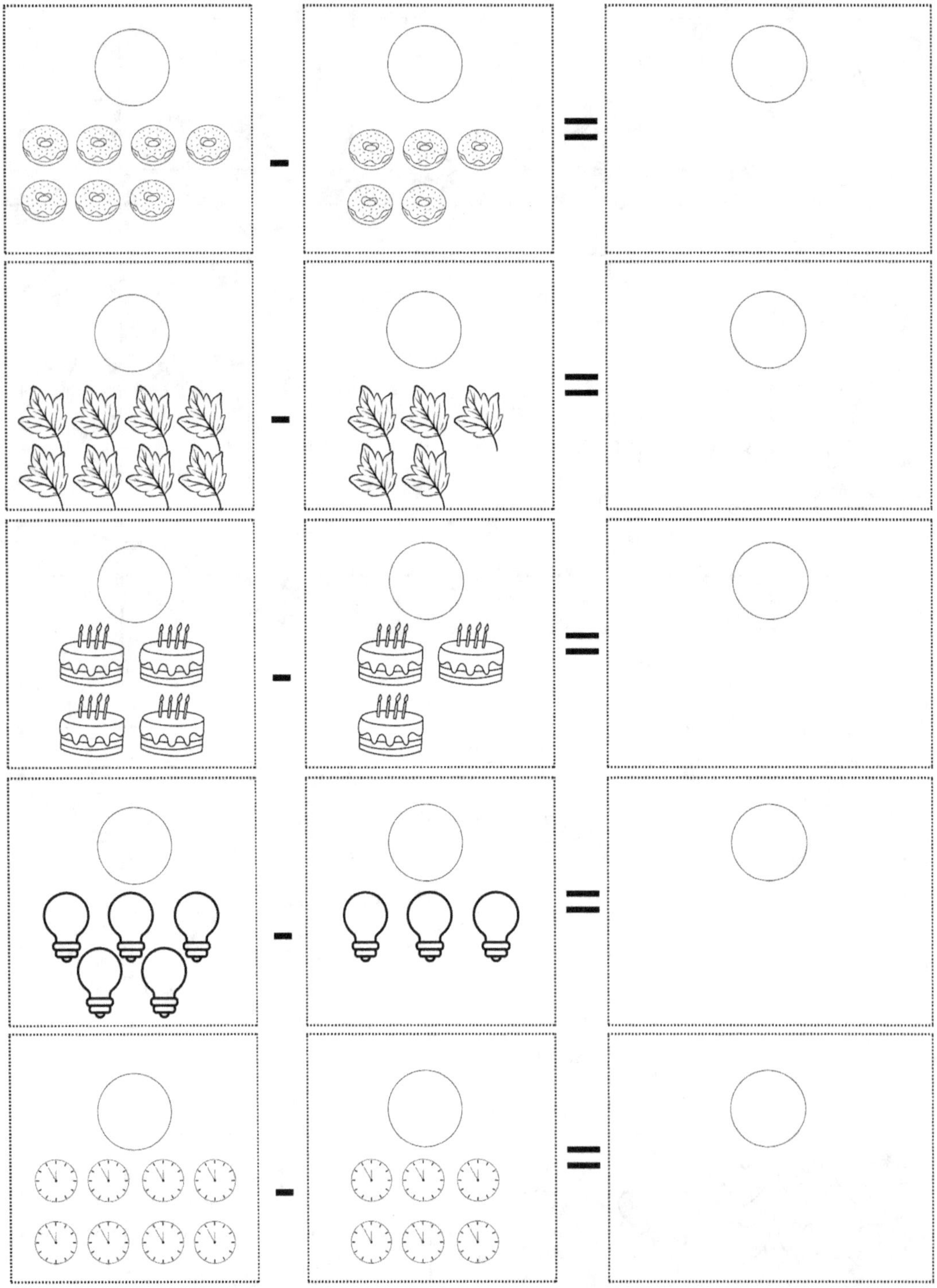

4 Aprenem a restar de l'1 al 10

 Escriu el resultat de la resta de les 2 fitxes de dòmino, i dibuixa els punts del resultat en una fitxa:

4 Aprenem a restar de l'1 al 20

 Escriu el resultat de la resta, per ajudar-te a cada rectangle hi ha 20 figures, ratlla el nombre a restar per resoldre la resta:

20 - 5 = ◯

20 - 8 = ◯

20 - 3 = ◯

20 - 7 = ◯

20 - 9 = ◯

20 - 4 = ◯

20 - 6 = ◯

4 Aprenem a restar de l'1 al 20

Escriu el resultat de la resta, per ajudar-te a cada rectangle hi ha 20 figures, ratlla el nombre a restar per resoldre la resta:

20 - 10 =

20 - 15 =

20 - 11 =

20 - 18 =

20 - 12 =

20 - 17 =

20 - 14 =

4 | Aprenem a restar de l'1 al 100

 Assenyala el número correcte que correspon al resultat de la resta indicada:

50 - 10 =	50 - 30 =	50 - 20 =
㊵ ㉚ ⑳	⑳ ㉚ ⑩	㊵ ㉚ ⑳
20 - 10 =	30 - 20 =	40 - 20 =
⑳ ⑤ ⑩	⑳ ⑩ ㉚	⑩ ㉚ ⑳
35 - 10 =	90 - 10 =	80 - 20 =
⑮ ㉕ ㊹	⑦⓪ ⑥⓪ ⑧⓪	㊵ ⑥⓪ ㊿
15 - 10 =	60 - 50 =	70 - 30 =
⑤ ⑥ ⑧	⑩ ㉚ ⑳	㊵ ⑥⓪ ㊿

4 Aprenem a restar de l'1 al 100

 Assenyala el número correcte que correspon al resultat de la resta indicada:

100 - 80 =	100 - 20 =	100 - 30 =
20 40 30	60 90 80	50 70 60
80 - 40 =	100 - 60 =	50 - 40 =
50 40 60	30 20 40	20 30 10
100 - 50 =	100 - 10 =	100 - 40 =
50 60 40	80 90 70	50 70 60
60 - 20 =	70 - 50 =	90 - 40 =
50 60 40	10 20 30	50 40 60

4 Aprenem a restar de l'1 al 100

Realitza la suma i determina si els resultats són veritables o falsos. Escriu una V si és veritable o una F si és fals:

V o F　　　　　　　　　　**V o F**

22 - 10 = 8　　○　　30 - 20 = 11　　○

16 - 12 = 4　　○　　50 - 5 = 45　　○

30 - 9 = 20　　○　　12 - 8 = 4　　○

70 - 10 = 60　　○　　25 - 13 = 12　　○

22 - 12 = 10　　○　　60 - 11 = 50　　○

21 - 18 = 2　　○　　33 - 22 = 11　　○

10 - 7 = 4　　○　　42 - 40 = 4　　○

50 - 40 = 10　　○　　15 - 12 = 2　　○

11 - 10 = 2　　○　　18 - 2 = 16　　○

4 Aprenem a restar de l'1 al 100

Realitza la suma i determina si els resultats són veritables o falsos. Escriu una V si és veritable o una F si és fals:

V o F   **V o F**

68 - 8 = 60   ( )   82 - 3 = 79   ( )

54 - 49 = 10   ( )   71 - 10 = 61   ( )

25 - 10 = 15   ( )   36 - 20 = 15   ( )

87 - 5 = 81   ( )   66 - 30 = 30   ( )

44 - 40 = 4   ( )   81 - 20 = 61   ( )

58 - 22 = 36   ( )   100 - 25 = 75   ( )

96 - 16 = 90   ( )   85 - 25 = 65   ( )

43 - 6 = 39   ( )   75 - 15 = 65   ( )

34 - 32 = 4   ( )   50 - 25 = 28   ( )

CAPÍTOL 5: NÚMEROS CONNECTATS

Ha arribat el moment de divertir-se amb els números! Descobreix la relació que existeix entre els números d'una sèrie, escriu, dibuixa...

A continuació, podràs construir **sèries** numèriques, visualitzar **operacions** i dibuixar el que representen els **números**...

5 | Números connectats

 Escriu els números seguint la sèrie:

 | 1 | 2 | | | 5 |

 | 5 | 10 | | | 25 |

 | 4 | 8 | | | 20 |

 | 2 | 4 | | | 10 |

 | 3 | 6 | | | 15 |

 | 10 | 20 | | | 50 |

 | 20 | 40 | | | 100 |

5 | Números connectats

 Escriu els números seguint la sèrie:

21	44	80	25	100
	43		30	
23		78		98
			40	97
		76		
26		75	50	95
	37		60	
		72		
30	35		70	91

5 | Números connectats

 Escriu els números de cada operació, i resol l'exercici:

[6] + [5] = ◯
     −
    [3] = ◯
     +
◯ = [7] + ◯ = [4]
 −
[4] = ◯ + [5] = ◯
         +
        [5]
         +
◯ = [7] − ◯ = [5]
 −
[4] = ◯ + [6] = ◯

5 | Números connectats

 Dibuixa les fitxes de dòmino, la suma de punts ha de ser igual al número indicat. Recordeu que el nombre màxim de punts de cada costat d'una fitxa de dòmino són 6.

12 = [|]

6 = [|] = [|]

9 = [|] = [|]

5 = [|] = [|]

11 = [|]

8 = [|] = [|]

4 = [|] = [|]

7 = [|] = [|]

10 = [|] = [|]

CAPÍTOL 6: UNITATS, DESENES I CENTENES

Què són?
Quan escrivim un número, la primera xifra per la dreta representa les unitats, la segona per la dreta les desenes, i la tercera per la dreta les centenes.

Unitats
Les unitats són els elements (enters) més simples que podem trobar. La unitat és el valor més petit en nombres enters. Podem comptar fins a 9 unitats, ja que a partir de la dècima ja tindrem una desena. En molts exercicis, veuràs la lletra «u» per a referir-nos a les unitats.

10 unitats són una **desena**
100 unitats són una **centena**

Desenes
Quan tenim 10 unitats diem que tenim una desena. La desena és 10 vegades major en grandària que la unitat. Les desenes agrupen de 10 en 10 les unitats. En els exercicis, pots veure les desenes indicades amb la lletra «d».

10 desenes són una **centena**
Un exemple:
El número 17 = 1 (d) desena i 7 (u) unitats.

Centenes
Quan tenim 10 desenes, és una centena. La centena és igual a 10 desenes, i a 100 unitats. En els següents exercicis pots veure les centenes indicades amb una "c".

Un exemple:
El número 358 = 3 (c) centenes, 5 (d) desenes, 8 (u) unitats.

6 Unitats, desenes i centenes

Omple els quadres següents amb les unitats, desenes i centenes corresponents:

Número	c	d	u		Número	c	d	u
18					354			
9					27			
135					86			
48					63			
238					379			
8					16			
72					91			
126					542			
461					28			

6 Unitats, desenes i centenes

 Omple els quadres següents amb les unitats, desenes i centenes corresponents:

23 ⇒ centenes, desenes i unitats.

184 ⇒ centenes, desenes i unitats.

965 ⇒ centenes, desenes i unitats.

14 ⇒ centenes, desenes i unitats.

35 ⇒ centenes, desenes i unitats.

71 ⇒ centenes, desenes i unitats.

6 ⇒ centenes, desenes i unitats.

138 ⇒ centenes, desenes i unitats.

295 ⇒ centenes, desenes i unitats.

6 | Unitats, desenes i centenes

 Omple els quadres següents amb les unitats, desenes i centenes corresponents:

Nombre	c	d	u
tres-cents cinquanta-set			
quatre-cents quaranta-vuit			
noranta-set			
nou-cents dotze			
dos-cents trenta-set			
vuitanta-tres			
onze			
set			
setanta-dos			

6 Unitats, desenes i centenes

 Omple els quadres següents amb les unitats, desenes i centenes corresponents:

		c d u	
249	dos centenes quatre desenes nou unitats	2 4 9	200+40+9
	nou centenes dos desenes cero unitats		900+20+0
		8 3 3	
307			
	sis centenes cinc desenes dos unitats		
		4 6 1	
			100+80+4

69

6 | Unitats, desenes i centenes

 Escriu el número corresponent a sota de cadascun dels àbacs:

6 Unitats, desenes i centenes

 Pinta els àbacs següents:

c d u	c d u	c d u
602	321	804

c d u	c d u	c d u
243	904	676

CAPÍTOL 7: APRENEM LES HORES

El dia es divideix en 24 hores.
Cada hora es divideix en 60 minuts.
Cada minut es divideix en 60 segons.

Rellotge digital
El rellotge digital té dos números seguits de dos punts i d'altres dos números, així:

Les dues primeres xifres ens indicaran **l'hora** del dia.

Les dues últimes xifres ens indicaran **els minuts**.

Rellotge d'agulles
El rellotge d'agulles és una esfera amb números de l'1 al 12 i dos tipus d'agulles:
- L'agulla més curta assenyalarà les hores.
- L'agulla més llarga assenyalarà els minuts.

Per a llegir l'hora hem de:
- Fixar-nos en l'agulla més curteta, això ens indica l'hora. I dir "són les..." i el número que assenyali.
- Fixar-nos en l'agulla llarga i dir els minuts que indiqui segons l'equivalència.

La maneta petita marca **les hores**

La maneta gran marca **els minuts**

Són dos quarts de vuit!

7 | Aprenem les hores

 Dibuixa les hores indicades als rellotges següents:

| les vuit en punt | tres quarts de nou | un quart i cinc de sis |

| dos quarts de tres | es dotze en punt | tres quarts i cinc d'onze |

| un quart menys cinc de cinc | tres quarts menys cinc de vuit | dos quarts de deu |

7 Aprenem les hores

 Escriu l'hora de cada rellotge:

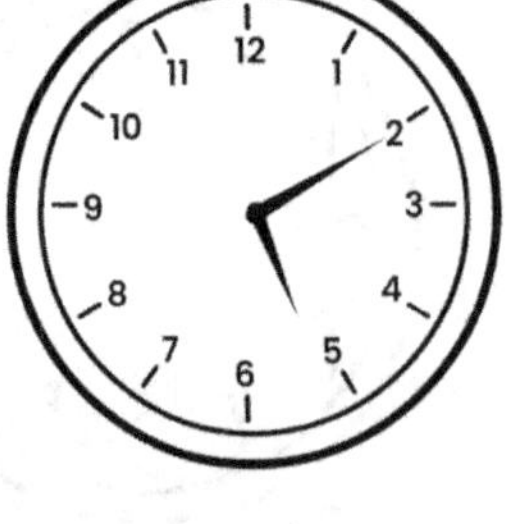

7 Aprenem les hores

 Dibuixa i escriu l'hora que vulguis, pots preguntar a la família i crear els horaris familiars.

7 | Aprenem les hores

 Dibuixa i escriu l'hora que vulguis, pots preguntar a la família i crear els horaris familiars.

CAPÍTOL 8: RESOLEM PROBLEMES

Arriba la part més pràctica de les matemàtiques! En resoldre problemes aprenem a solucionar preguntes del nostre dia a dia que poden ser molt útils.

En aquest capítol, trobaràs diferents problemes pràctics. **Para especial atenció als enunciats** perquè és molt important entendre'ls bé per a poder resoldre el problema.

8 Resolem problemes

 Hi ha dues pomeres a l'hort dels meus pares. La primera té 6 pomes i la segona 5. Quantes pomes hi ha entre els dos arbres?
Dibuixa les pomes del segon arbre.

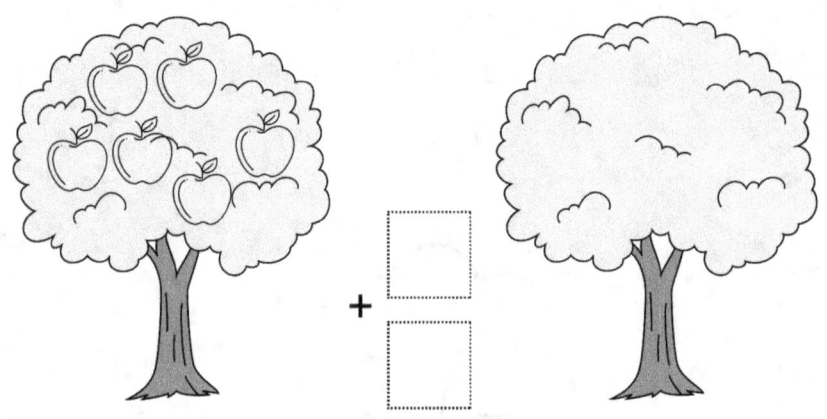

Entre els dos arbres hi ha ◯ pomes en total.

 Al forn hi ha dos prestatges amb barres de pa. El primer té 4 brioixos i el segon 3. Dibuixa els pans del segon prestatge i calcula quants pans hi ha en total.

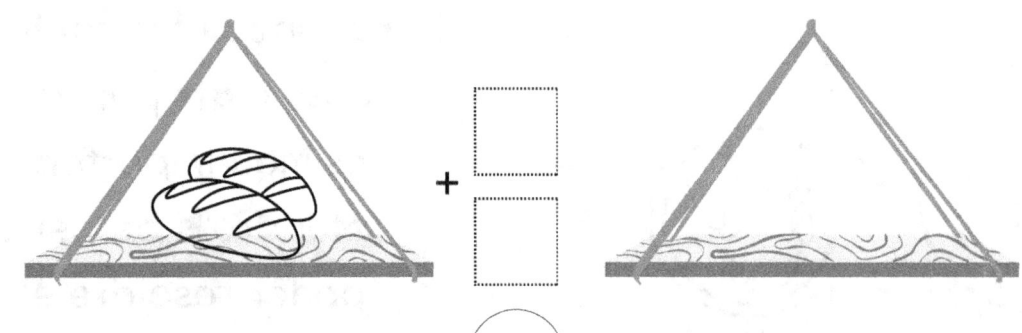

Entre els dos prestatges hi ha ◯ barres de pa en total.

8 Resolem problemes

 A la floristeria hi ha 9 testos. Si es venen 4, quants testos queden?

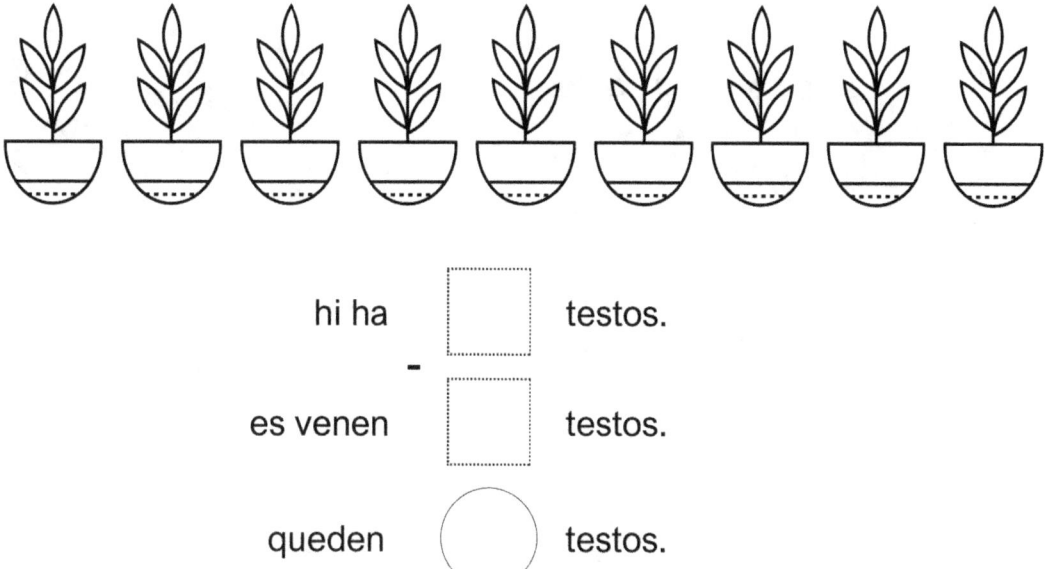

hi ha ⬜ testos.
− es venen ⬜ testos.
queden ◯ testos.

 A l'espai hi ha 9 estrelles petites, 2 naus espacials i 6 estrelles grans. Quantes estrelles hi ha en total?

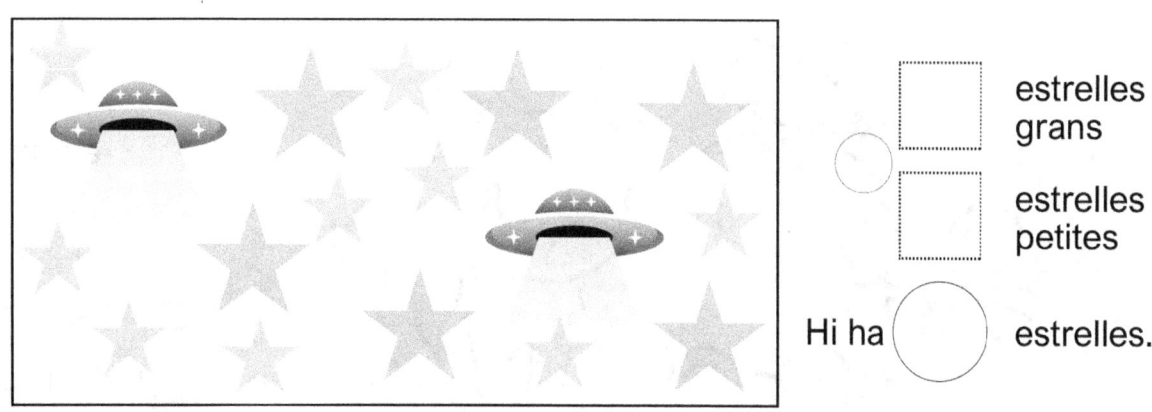

◯ ⬜ estrelles grans
⬜ estrelles petites
Hi ha ◯ estrelles.

8 Resolem problemes

L'elefant té 8 llapis i 2 contes. Si se li perden 5 llapis, quants llapis li queden?

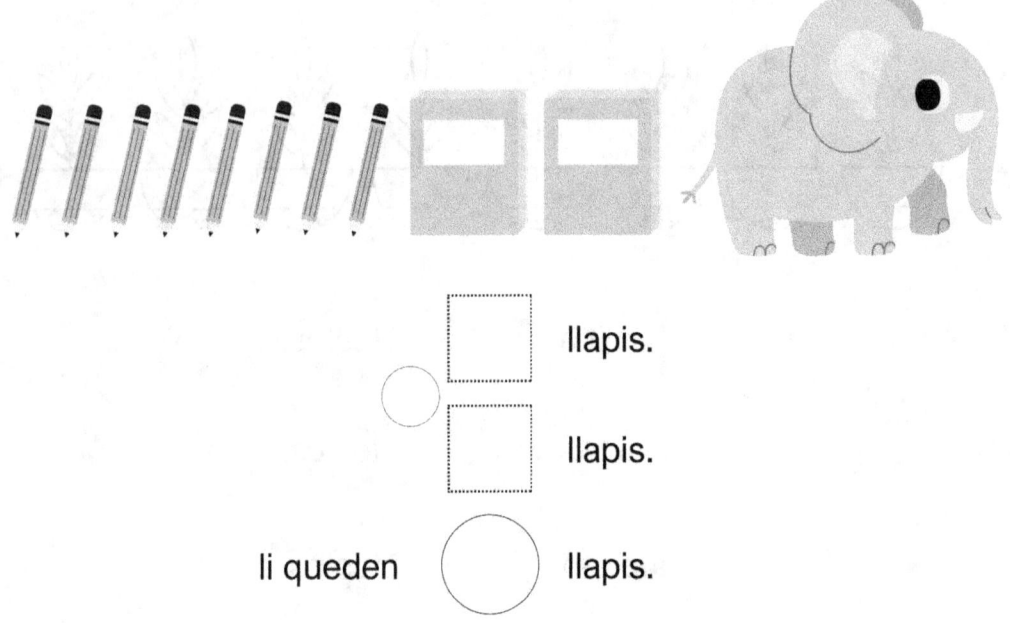

◯ ▢ llapis.
▢ llapis.

li queden ◯ llapis.

El gatet Nujo té 19 ratolins. Si s'escapen 11, quants ratolins li queden?

◯ ▢ ratolins.
▢ ratolins.

Queden ◯ ratolins.

8 Resolem problemes

 Al supermercat hi ha 3 prestatges de brics de llet. Quants brics de llet hi ha en total?

1º [8 brics de llet]

2º [8 brics de llet]

3º [buit]

Al prestatge 1 hi ha ☐ brics de llet.
+
Al prestatge 2 hi ha ☐ brics de llet.

En total hi ha ◯ brics de llet.

Respon les preguntes, marca l'opció correcta:

☐ Hi ha tants brics de llet al prestatge 1r com al 2n.

☐ Hi ha més brics de llet al prestatge 1r que al 2n.

☐ Al prestatge 3r hi ha algun bric de llet.

☐ Al prestatge 3r no hi ha cap bric de llet.

8 Resolem problemes

Avui he anat al zoo i he vist 12 micos, 15 ànecs i 2 tortugues. Cada quadre representa un animal. Pinta els quadres segons la quantitat d'animals que he vist al zoo:

Respon les preguntes, marca l'opció correcta:

De quin animal n'hi ha **més**?

☐ Micos ☐ Ànecs ☐ Tortugues

De quin animal n'hi ha **menys**?

☐ Micos ☐ Ànecs ☐ Tortugues

Quants animals he vist al zoo?

☐ + ☐ + ☐ = ◯
Micos   Ànecs   Tortugues

CAPÍTOL 9: SOLUCIONS

Felicitats! Ara només queda comprovar les solucions dels exercicis. Però, recorda, no sempre surt tot a la primera... L'important és esforçar-se.

Aquí trobaràs les **solucions** de cada pàgina d'exercicis.

solucions

 Pàgina 4

(9) = 15 (24) = 11 (36) = 5 (50) = 10 (72) = 9

 Pàgina 5

(18) = 12 (64) = 2 (81) = 0 (94) = 6 (100) = 4

 Pàgina 6

 Pàgina 7

  45   5  62  33

  20  100  26  78

 Pàgina 8

 Pàgina 9

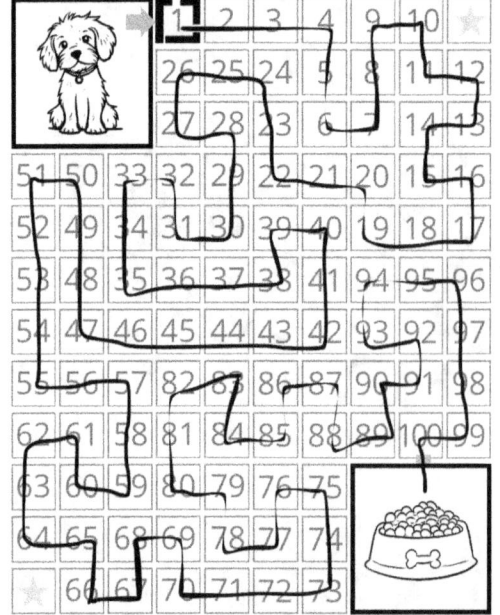

solucions

Pàgina 10

Pàgina 11

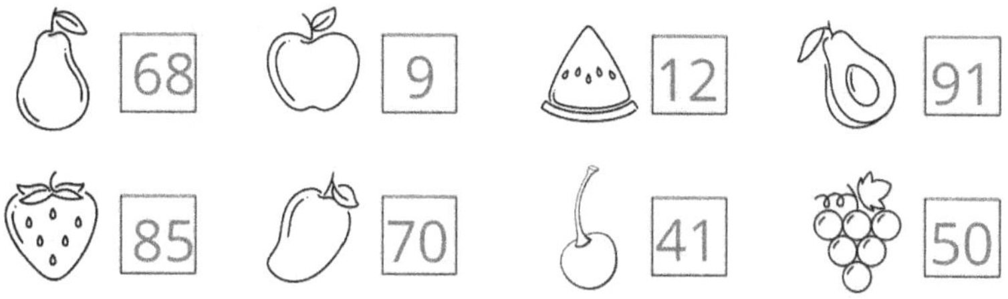

68 9 12 91

85 70 41 50

Pàgina 12

Pàgina 14

Pàgina 13

Pàgina 15

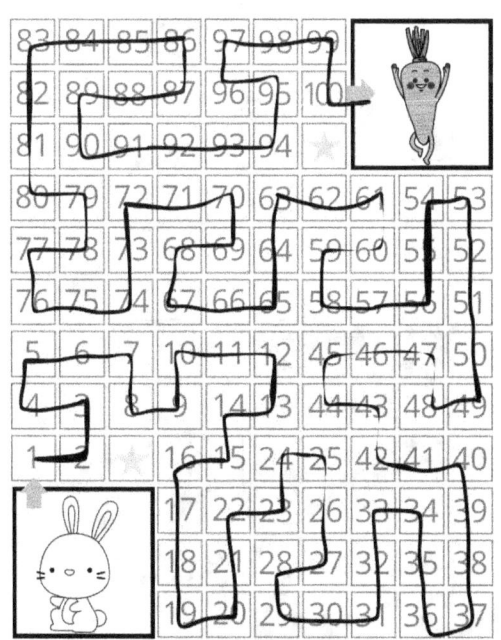

34

1	2	3	4	5	6	7	8	9	10
11	12	13	14	15	16	17	18	19	20
21	22	23	24	25	26	27	28	29	30
31	32	33	34	35	36	37	38	39	40
41	42	43	44	45	46	47	48	49	50
51	52	53	54	55	56	57	58	59	60
61	62	63	64	65	66	67	68	69	70
71	72	73	74	75	76	77	78	79	80
81	82	83	84	85	86	87	88	89	90
91	92	93	94	95	96	97	98	99	100

solucions

Pàgina 16

Pàgina 17

3- 4- 5   17-18-19
9-10-11   45-46-47
7-8-9   30-31-32
27-28-29   14-15-16
49-50-51   18-19-20
35-36-37   5-6-7
41-42-43   19-20-21

Pàgina 18

53-54-55   76-77-78
98-99-100   64-65-66
66-67-68   81-82-83
87-88-89   8-9-10
93-94-95   16-17-18
70-71-72   58-59-60
59-60-61   92-93-94

Pàgina 23

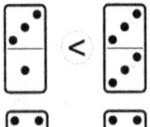
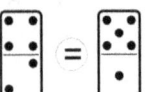

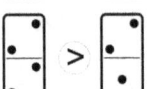
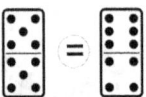
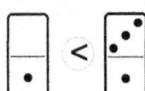

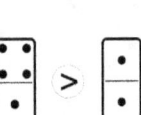
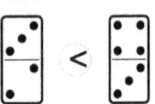
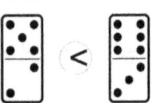
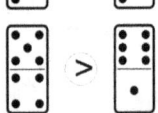

Pàgina 24

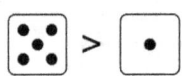

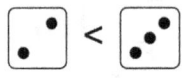

solucions

Pàgina 25

① 8 15 20 7 ② 6

10 ② 9 ④ 8 ⑤ 7

① 10 5 20 18 ⑥ ⑨

② 8 4 7 6 ① ③

Pàgina 26

⑦ 14 25 ② 30 11 40

18 38 29 41 30 ⑩ 58

39 ⑨ 46 22 50 68 94

90 55 71 44 26 62 82

Pàgina 27

3 6 2 9 1 4 10

9 20 5 18 30 40 1

16 25 12 8 11 21 19

28 50 15 40 38 10 90

Pàgina 28

1 9 6 2 5 3 20

8 11 22 14 25 12 18

36 40 22 54 17 18 30

54 75 22 88 90 12 62

Pàgina 29

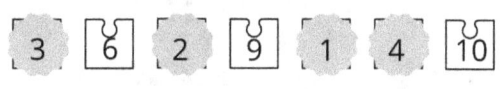

<40 39,38,37,36,35,34,33...
>50 51,52,53,54,55,56,57...
>60 61,62,63,63,65,66,67...
>70 71,72,73,74,75,76,77...

Pàgina 30

<10 9,8,7,6,5,4,3...
>20 21,22,23,24,25,26,27...
<30 29,28,27,26,25,24,23...
>90 91,92,93,94,95,96,97...

solucions

Pàgina 32

1 + 2 = 3   4 + 2 = 6
2 + 3 = 5   4 + 4 = 8
3 + 4 = 7   3 + 3 = 6
4 + 2 = 6   5 + 4 = 9
5 + 5 = 10   2 + 5 = 7

Pàgina 33 y Pàgina 34

6+2= 8   3+3= 6
4+2= 6   5+3= 8
2+1= 3   4+4= 8
2+4= 6   5+5= 10
2+2= 4   6+3= 9

Pàgina 35

5 + 1 = 6 = ••••••
1 + 4 = 5 = •••••
1 + 4 = 5 = •••••
6 + 4 = 10 = ••••••••••
4 + 5 = 9 = •••••••••
3 + 4 = 7 = •••••••
5 + 5 = 10 = ••••••••••

Pàgina 36

3 + 5 = 8 = ••••••••
2 + 2 = 4 = ••••
4 + 4 = 8 = ••••••••
4 + 2 = 6 = ••••••
5 + 3 = 8 = ••••••••
3 + 3 = 6 = ••••••
1 + 1 = 2 = ••

Pàgina 37

2+2= 4
6+4= 10
4+2= 6
3+3= 6
5+4= 9

Pàgina 38

1+2= 3
3+2= 5
4+3= 7
5+5= 10
1+2= 3

solucions

Pàgina 39

10 + 10 = 20	15 + 4 = 19	10 + 8 = 18
7 + 7 = 14	5 + 5 = 10	6 + 6 = 12
12 + 4 = 16	18 + 2 = 20	8 + 8 = 16
14 + 3 = 17	9 + 9 = 18	16 + 2 = 18

Pàgina 40

60 + 8 = 68	20 + 20 = 40	30 + 30 = 60
40 + 40 = 80	50 + 40 = 90	26 + 4 = 30
42 + 5 = 47	25 + 2 = 27	36 + 3 = 39
50 + 10 = 60	92 + 3 = 95	84 + 4 = 88

Pàgina 41

- 22 + 10 = 33 F
- 16 + 12 = 28 V
- 30 + 9 = 38 F
- 70 + 10 = 80 V
- 14 + 22 = 35 F
- 21 + 21 = 42 V
- 10 + 10 = 10 F
- 50 + 40 = 90 V
- 11 + 11 = 10 F

- 30 + 20 = 51 F
- 5 + 51 = 52 V
- 12 + 12 = 24 V
- 25 + 13 = 37 F
- 60 + 11 = 72 V
- 33 + 22 = 55 V
- 40 + 42 = 84 F
- 15 + 15 = 30 V
- 18 + 2 = 19 F

Pàgina 42

- 40 + 8 = 48 V
- 50 + 49 = 99 V
- 15 + 5 = 19 F
- 10 + 24 = 33 F
- 31 + 11 = 41 F
- 46 + 2 = 48 V
- 68 + 3 = 71 V
- 60 + 20 = 70 F
- 13 + 13 = 26 V

- 6 + 6 = 12 V
- 8 + 4 = 10 F
- 10 + 40 = 60 F
- 90 + 8 = 98 V
- 42 + 31 = 73 V
- 61 + 12 = 83 F
- 32 + 32 = 64 V
- 21 + 51 = 70 F
- 8 + 20 = 28 V

Pàgina 43

10 + 7 + 2 = 19

Pàgina 44

10 + 10 + 7 = 27

solucions

Pàgina 46

3-1=2
4-3=1
7-2=5
9-1=8
5-4=1

Pàgina 47

8-2=6
5-2=3
6-4=2
3-2=1
8-4=4
4-2=2

Pàgina 48

10-2=8
10-4=6
10-6=4
10-3=7
10-5=5
10-8=2

Pàgina 49

9-5=4
7-5=2
6-3=3
5-1=4
9-3=6
7-3=4

Pàgina 51

3-2=1
1-1=0
2-1=1
4-2=2
3-1=2
5-4=1
6-3=3

Pàgina 52

7-5=2
8-5=3
4-3=1
5-3=1
8-6=2

Pàgina 50

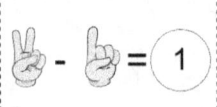

Pàgina 53

solucions

Pàgina 54

20-5=15
20-8=12
20-3=17
20-7=13
20-9=11
20-4=16
20-6=14

Pàgina 55

20-10=10
20-15=5
20-11=9
20-18=2
20-12=8
20-17=3
20-14=6

Pàgina 56

50 - 10 = 40	50 - 30 = 20	50 - 20 = 30
20 - 10 = 10	30 - 20 = 10	40 - 20 = 20
35 - 10 = 25	90 - 10 = 80	80 - 20 = 60
15 - 10 = 5	60 - 50 = 10	70 - 30 = 40

Pàgina 57

100 - 80 = 20	100 - 20 = 80	100 - 30 = 70
80 - 40 = 40	100 - 60 = 40	50 - 40 = 10
100 - 50 = 50	100 - 10 = 90	100 - 40 = 60
60 - 20 = 40	70 - 50 = 20	90 - 40 = 50

Pàgina 58

22 - 10 = 8 F
16 - 12 = 4 V
30 - 9 = 20 F
70 - 10 = 60 V
22 - 12 = 10 V
21 - 18 = 2 F
10 - 7 = 4 V
50 - 40 = 10 V
11 - 10 = 2 F

30 - 20 = 11 F
50 - 5 = 45 V
12 - 8 = 4 V
25 - 13 = 12 V
60 - 11 = 50 F
33 - 22 = 11 V
42 - 40 = 4 F
15 - 12 = 2 F
18 - 2 = 16 V

Pàgina 59

68 - 8 = 60 V
54 - 49 = 10 V
25 - 10 = 15 V
87 - 5 = 81 F
44 - 40 = 4 V
58 - 22 = 36 V
96 - 16 = 90 F
43 - 6 = 39 V
34 - 32 = 4 F

82 - 3 = 79 V
71 - 10 = 61 V
36 - 20 = 15 F
66 - 30 = 30 F
81 - 20 = 61 V
100 - 25 = 75 V
85 - 25 = 65 F
75 - 15 = 65 V
50 - 25 = 28 F

solucions

Pàgina 61

🚃	1	2	3	4	5
🛵	5	10	15	20	25
🚗	4	8	12	16	20
🚚	2	4	6	8	10
🚕	3	6	9	12	15
🚙	10	20	30	40	50
🚘	20	40	60	80	100

Pàgina 62

😍	😊	😀	🙂	🙂
21	44	80	25	100
22	43	79	30	99
23	42	78	35	98
24	41	77	40	97
25	40	76	45	96
26	39	75	50	95
27	38	74	55	94
28	37	73	60	93
29	36	72	65	92
30	35	71	70	91

Pàgina 63

[domino] + [domino] = 18
−
[domino] = 15
+
29 = [domino] + 19 = [domino]
−
[domino] = 24 + [domino] = 30
+
[domino]
+
32 = [domino] − 41 = [domino]
−
[domino] = 28 + [domino] = 35

Pàgina 64

12 = [domino]
6 = [domino] = [domino]
9 = [domino] = [domino]
5 = [domino] = [domino]
11 = [domino]
8 = [domino] = [domino]
4 = [domino] = [domino]
7 = [domino] = [domino]
10 = [domino] = [domino]

solucions

Pàgina 66

	c	d	u			c	d	u
18 →	0	1	8		354 →	3	5	4
9 →	0	0	9		27 →	0	2	7
135 →	1	3	5		86 →	0	8	6
48 →	0	4	8		63 →	0	6	3
238 →	2	3	8		379 →	3	7	9
8 →	0	0	8		16 →	0	1	6
72 →	0	7	2		91 →	0	9	1
126 →	1	2	6		542 →	5	4	2
461 →	4	6	1		28 →	0	2	8

Pàgina 67

23 →	0 centenes, 2 desenes i 3 unitats.
184 →	1 centenes, 8 desenes i 4 unitats.
965 →	9 centenes, 6 desenes i 5 unitats.
14 →	0 centenes, 1 desenes i 4 unitats.
35 →	0 centenes, 3 desenes i 5 unitats.
71 →	0 centenes, 7 desenes i 1 unitats.
6 →	0 centenes, 0 desenes i 6 unitats.
138 →	1 centenes, 3 desenes i 8 unitats.
295 →	2 centenes, 9 desenes i 5 unitats.

Pàgina 68

	c	d	u
→	3	5	7
→	4	4	8
→	0	9	7
→	9	1	2
→	2	3	7
→	0	8	3
→	0	1	1
→	0	0	7
→	0	7	2

Pàgina 69

Número	Text	c	d	u	Suma
249	dos centenes cuatro desenes nueve unitats	2	4	9	200+40+9
920	nou centenes dos desenes zero unitats	9	2	0	900+20+0
833	vuit centenes tres desenes tres unitats	8	3	3	800+30+3
307	tres centenes zero desenes set unitats	3	0	7	300+0+7
652	sis centenes cinc desenes dos unitats	6	5	2	600+50+2
461	quatre centenes sis desenes una unidad	4	6	1	400+60+1
184	una centena vuit desenes quatre unitats	1	8	4	100+80+4

solucions

Pàgina 70

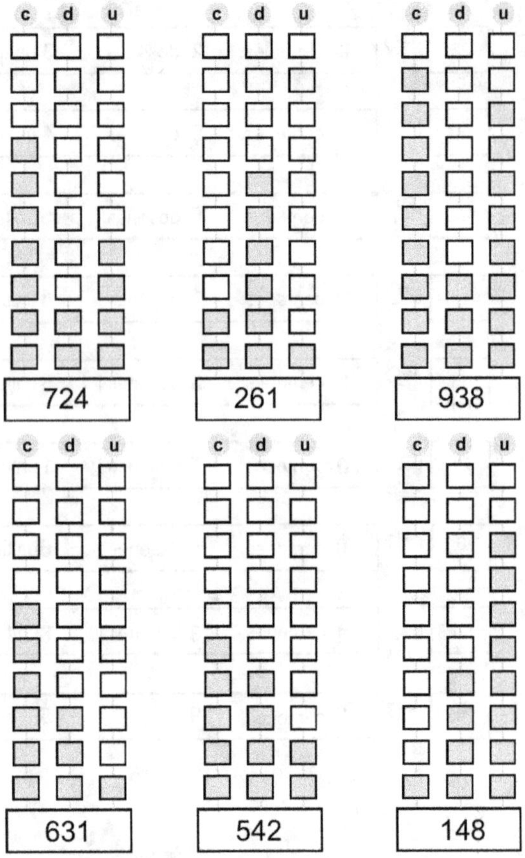

724	261	938
631	542	148

Pàgina 71

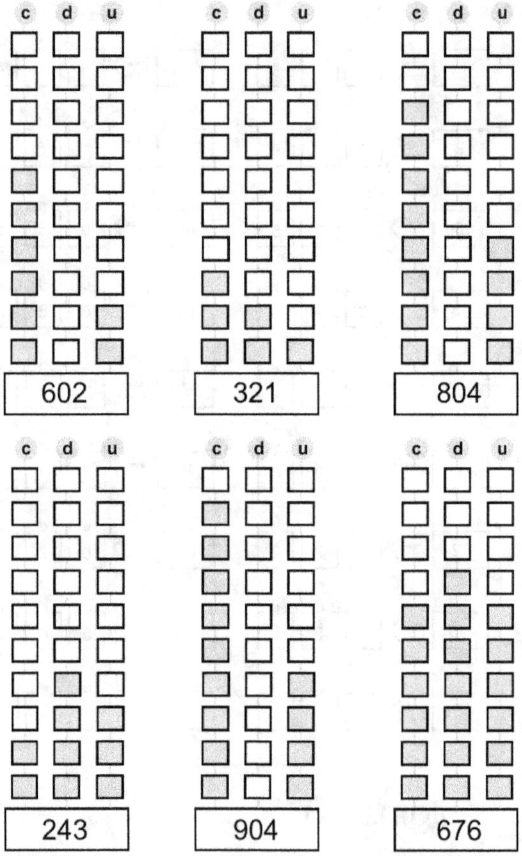

602	321	804
243	904	676

Pàgina 73

Pàgina 74

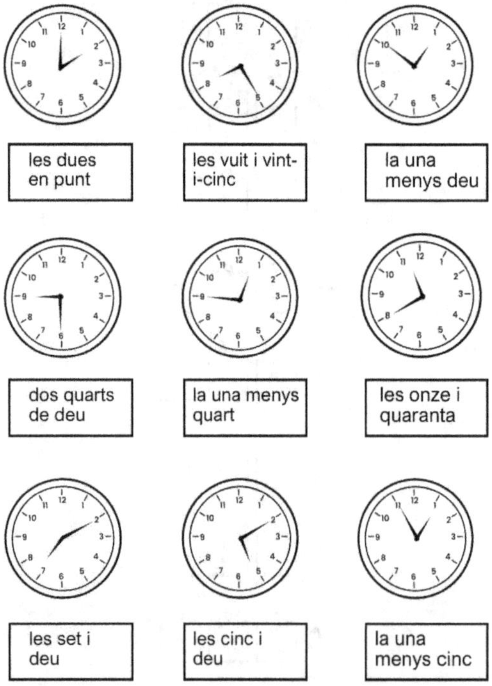

les dues en punt | les vuit i vint-i-cinc | la una menys deu

dos quarts de deu | la una menys quart | les onze i quaranta

les set i deu | les cinc i deu | la una menys cinc

solucions

Pàgina 78

 + 6 / 5 = (11)

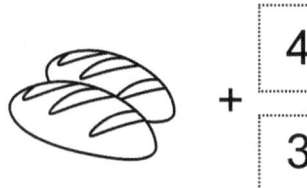 + 4 / 3 = (7)

Pàgina 79

 − 9 / 4 = (5)

 + 9 / 6 = (15)

Pàgina 80

 − 8 / 5 = (3)

 − 19 / 11 = (8)

Pàgina 81

Al prestatge 1 hi ha 8 brics de llet.
    +
Al prestatge 2 hi ha 8 brics de llet.

En total hi ha (16) brics de llet.

Respon les preguntes, marca l'opció correcta:

▪ Hi ha tants brics de llet al prestatge 1r com al 2n.
☐ Hi ha més brics de llet al prestatge 1r que al 2n.

☐ Al prestatge 3r hi ha algun bric de llet.
▪ Al prestatge 3r no hi ha cap bric de llet.

Pàgina 82

Respon les preguntes, marca l'opció correcta:

De quin animal n'hi ha **més**?
☐ Micos   ▪ Ànecs   ☐ Tortugues

De quin animal n'hi ha **menys**?
☐ Micos   ☐ Ànecs   ▪ Tortugues

Quants animals he vist al zoo?

12 + 15 + 2 = (29)
Micos Ànecs Tortugues

Bona
feina.

www.ingramcontent.com/pod-product-compliance
Lightning Source LLC
Chambersburg PA
CBHW082350220526
45470CB00008B/2701